1小时漫游奇妙数世界

[英] 蒂姆·索尔 (Tim Sole) ◎著
梁超 张诚◎译

人民邮电出版社
北京

图书在版编目（CIP）数据

1小时漫游奇妙数世界 / (英) 蒂姆·索尔
(Tim Sole) 著 ; 梁超, 张诚译. -- 北京 : 人民邮电出
版社, 2023.3
ISBN 978-7-115-59832-5

Ⅰ. ①1… Ⅱ. ①蒂… ②梁… ③张… Ⅲ. ①数学－
普及读物 Ⅳ. ①01-49

中国版本图书馆CIP数据核字(2022)第147484号

◆ 著　　　　［英］蒂姆·索尔（Tim Sole)
　译　　　　梁 超 张 诚
　责任编辑　赵 轩
　责任印制　王 郁 陈 犇

◆ 人民邮电出版社出版发行　北京市丰台区成寿寺路 11 号
　邮编 100164　电子邮件 315@ptpress.com.cn
　网址 https://www.ptpress.com.cn
　北京市艺辉印刷有限公司印刷

◆ 开本：880×1230 1/32
　印张：3.5　　2023 年 3 月第 1 版
　字数：92 千字　　2023 年 3 月北京第 1 次印刷

著作权合同登记号 图字：01-2019-7050 号

定价：39.80 元

读者服务热线：(010)81055410 印装质量热线：(010)81055316
反盗版热线：(010)81055315
广告经营许可证：京东市监广登字 20170147 号

内容提要

本书介绍一些和数字有关的谜题，这些谜题涵盖古往今来世界多个领域的人和事，比如德国坦克问题、意外的彩票结果、音乐中的基本常数、爱因斯坦最著名的方程式等。通过作者的讲述，读者可发现这些人和事件里都包含着与令人惊奇的数字有关的秘密。穿行在这些数字谜题中，读者有时会觉得遇到了强有力的挑战，但不要担心，作者为每一道谜题都附上了答案。阅读本书，读者会感觉智力得到提升、思维得到锻炼，甚至会迷上数字谜题。

本书适合所有爱好数学的人阅读。

引言

我的女儿练举重，首次完成 70 千克时，我告诉她：“这是个‘奇异数’哦”。我的岳母要过 85 岁生日啦，我的生日贺卡内容是“85？——您得到 A+ 哦”。许多年前我刚买了电子计算器的时候，第一件事就是按出 3705，然后颠倒屏幕读出来，正中下怀。数字谜一真是我的心头好。

我的工作也有不少与理解和解释数字有关。事后看来，对数字谜之爱增强了我的解题能力，对事业大有裨益。但是，本书可不是只堪自怡悦，书里的数字都很迷人——都是它们本身就具有的魅力。

例如，不看书的前两篇文章，谁能想到 30% 以上的股票价格（无论什么币种）都是以数码 1 开头，谁又能想到音乐与特定数字 1.059（保留 3 位小数）息息相关？在本书的最后一篇文章中，乔治·康托尔异想天开，发现有些无穷比别的无穷更无穷。

小知识：28 是个“完全数”（也叫完美数、完备数），496 和 8128 也是。作为完全数，28 是 1 和 3 的立方和，496 是 1、3、5、7 的立方和，8128 是 1、3、5、7、9、11、13、15 的立方和。

写作也是我的心头好。我的第一部书出版于 1988 年，彼时我 10 岁。我想退休后也可乐享写作许多年。数字内涵丰饶，本书似是天然生成。当时我尚在全职工作，花 3 个月完成初稿，然后又花 6 个月重写。

“重写”？惜哉确乎如此。我的英语考试成绩单上显示 6 次未过。当人们说他们置身“数”外时我深表同情。事实上，大部分人如果不在乎他们做的是什么，倒是能享受数学。比如说有人认为自己对数字无感，却在脑中为 301 和 501 的飞镖游戏算分呢。

小知识：从飞镖盘的顶端开始，按顺时针的方向数，头 4 个数是 20、1、18 和 4，字母表里的第 20、1、18、4 个字母是 T、A、R、D，重排后就是 DART——飞镖。

数字的应用不限于算术，你也无须成为数学家就能玩数字游戏。很多人只是玩数字游戏，并不将其当作数学，问问数独爱好者就明白了。对于有些人来说，数学问题难上加难，而数字游戏乐趣无边。

本书有 34 道数字谜题，有些在我早年间的书里出现过，形式稍微有些变化。我最喜欢的是第 21 题“天堂入场券”，它也是我第一本书的书名。这个书名让人“犯迷糊”，虽然它是谜题书，但在一家大书店却上架到旅行板块去了！这 34 道谜题中有少量题目会很难，所以想看答案就去看吧。

为了方便读者，各篇文章以标题数字按升序排列的方式编排，但是读者不用按顺序阅读，也不用一口气读完——可以“浅入浅出”。

我站在巨人的肩膀上写了此书，我希望读者通过阅读本书，可以享受奇妙无穷的数字世界，我也希望自己能为惊人的“知识之塔”添砖加瓦。

目录

第一部分　引人注目的数......7
0.301......9
1.059......13
1.4142135......17
1.618034......21
1.96......24
2.71828......29
3.14159265......32
第二部分　引人入胜的数......35
7......37
11......39
15......42
23......47
28......50
36......54
73......58
100......63
276......67
666......70
711......73
1089......76
1643......80
1729......84
5040......88
24752......91
142857......95
299792......97
100000000......100
第三部分　无穷及超越无穷......103
无穷......105
超越无穷......108

第一部分

引人注目的数

0.301

这本书里每出现一个以 9 开头的数，就会出现 7 个以 1 开头的数。不可思议吗？随便拿一张报纸分析一下，结论亦然。

1881 年，一个关于自然数的开头数码的公式首次出场。西蒙·纽科姆在《美国数学杂志》上发表了一篇两页的文章，标题是《自然数中各个数码的使用频率》。这听起来没什么乐子可言，但它的主题十分迷人。它预测在各个数码（指 1 到 9）之中，自然出现的数里以 1 开头的比例是 30.1%。

已知有 9 个数码（不算 0），人们本能地期望自然出现的数里以 1 开头的和以其他数码开头的都各占 1/9，也就是约 11.1%。但是，纽科姆对这些数码所占的百分比预测如下。

数码	第一个数码的百分比
1	30.1%
2	17.6%
3	12.5%
4	9.7%
5	7.9%
6	6.7%
7	5.8%
8	5.1%
9	4.6%

根据纽科姆所言，自然出现的数里以 1 开头的与以 3、4、5 开头的加起来一样多，以 2 开头的与以 6、7、8 开头的加起来一样多。

纽科姆做预测用的是包含了对数 log 的简单公式。公式的发现过程与公式的预言同样有趣。所以我们简单介绍一下对数的历史和作用。

1614 年，苏格兰人约翰·纳皮尔（又译为约翰·内皮尔、约翰·奈皮尔）出版了一本书，名为《奇妙的对数表的描述》。书中，纳皮尔造了一个词“logarithm”（意思为“对数”），来自希腊文“logos”（意思为“比例”）和“arithmos”（意思为“数字”）。

纳皮尔花费了20年的时间来构造此表，这为后世带来的价值无法估量。

对一个数“取对数”就是找一个非常有用的新数：把新数加上另一个数的对数，再对和取反对数，就得到原来两数的乘积。例如，6，也就是2×3，就是对 $\log_{10}2+\log_{10}3$ 取反对数的结果。加法比乘法容易，所以在计算器出现之前，对数给科学家和数学家做一系列多位数乘法运算提供了便捷之道。除法运算也用同样的办法转为减法运算。例如，6÷2 可以转换成计算 $\log_{10}6-\log_{10}2$ 的反对数。

可不是这样子的“堆树”（log 亦有圆木之意）

计算对数和反对数并不简单，所以在计算器出现之前，人们都是在对数表里“查找”。纽科姆受到启发写了该篇文章。他注意到对数表前面以1开头的页比后面以9开头的页磨损得多。

纽科姆的公式是：对于自然出现的数，以 N 开头的比例是 $\log_{10}(1+1/N)$。那么根据纽科姆的公式，对于以1开头的数，预计的比例是 $\log_{10}(1+1/1)=\log_{10}2=0.301$（注：0.301为保留一定小数位数的约数，此处取等号为尊重原文，后同）。

纽科姆公式看起来太简单了，公式来自对数表，灵感来自对数书，机缘巧合，怎么可能嘛！这样的公式既缺证明，又反直觉，所以当时纽科姆的文章无人问津。

1937年，弗兰克·本福特（又译为弗兰克·本福德）独立发现了同一现象。本福特在文章《反常数字定律》里写道：“对数表里以1、2等小的数开头的页比以8、9等大的数开头的页污损更多。”本福特如是说，他不知道纽科姆56年前早已说过。

本福特获得了本福特定律（又称本福德定律）的“命名权”，因为他费了大劲用真实数据来测试他的理论——实证检验。他用了20000个自然出现的数，这些数来自《读者文摘》的文章、化合物的特定温度表、人口数量，他的测试证实了这些数据符合 $\log_{10}(1+1/N)$。

本福特证实了，但没有证明。1961 年，数学家罗杰·平克姆更进一步寻找证明，然后得到以下结论。

如果本福特定律成立，那么无论什么进位制的数，无论采用什么度量单位的数，它都应该成立。

唯有纽科姆和本福特提出的公式满足上述结论。

平克姆指出这点的文章《开头数字的分布》里对本福特定律的表述略有不同。他说如果有一大堆自然出现的数，那么开头数码小于等于 N 的比例估计是 $\log_{10}(N+1)$，具体见下表。

开头数码	百分比	开头数码	百分比
1	30.1%	9	4.6%
1 或 2	47.7%	8 或 9	9.7%
1 到 3	60.2%	7 到 9	15.5%
1 到 4	69.9%	6 到 9	22.2%
1 到 5	77.8%	5 到 9	30.1%
1 到 6	84.5%	4 到 9	39.8%
1 到 7	90.3%	3 到 9	52.3%
1 到 8	95.4%	2 到 9	69.9%
1 到 9	100%	1 到 9	100%

因此，对数表的开头页脏兮兮，这是理所当然的了！ 47.7% 自然出现的数开头是 1 或 2，正是开头是 3 到 8 的数的百分比之和。自然出现的数开头是 9 的仅有 4.6%。

本福特定律最终在 1996 年由美国的数学教授西奥多·希尔证明。

本福特定律有很多实证试验，它在股票价格、陆地面积等数据集上也成立。正如平克姆所言，无论股票价格用什么币种、陆地面积用什么单位。

纽科姆 - 本福特公式中的“N”不限于单一数码，所以如果你想要

数码	第2个数码为0到9的百分比
0	12.0%
1	11.4%
2	10.9%
3	10.4%
4	10.0%
5	9.7%
6	9.3%
7	9.0%
8	8.8%
9	8.5%

自然出现的数以“15”或“123”开头，也可以用这个公式。我们可以稍做拓展，得到左表，也就是第 2 个数码为 0 到 9 的百分比。

本福特定律应用广泛。例如用于检测会计欺诈。如果有人伪造发票时没有考虑到本福特定律，可能自作聪明地让首位数码均匀分布了，那么“本福特检验”就能指出，需要进行更详细的调查。同样，从很多投票站汇总出来的选举结果也可用本福特定律检验。本福特定律还可用于衡量数学模型拟合的优劣以及计算机中数据存储的效率。

1.059

1.059 是音乐的基础常数保留 3 位小数的结果。如果这个数没有那般神通，迷人的歌曲也就不复存在了。当真如此。

如右图所示，标准的钢琴键盘有 88 个音，7 个八度（后面会说到这个词的含义），再加 3 个额外的键。键盘最左边的音叫作“A”。白键叫作“B”“C”“D”“E”“F”“G”，然后从“A”重新开始。所以标准钢琴键盘上有 8 个“A”和 8 个“C”。最中间的“C”叫作“中央 C”，或者“C4”，再往上的“A”叫作“A4”（从 C4 开始记数是挺奇怪的，但确实如此）。

钢琴键有黑有白，这倒没有什么音乐上的特别意义，只是为了便于弹奏。从左往右，音调升高，所以最右的第 88 个键，叫作 C8，是普通钢琴的最高音。

声音是由振动产生的。用每秒振动多少次来度量振动的频率，单位为赫兹（符号“Hz”）。确定一个音后，其他的音可以以之定调。但是直到 1955 年才有音调上的国际标准。标准的 A4 是 440 赫兹。但是即便在今天，仍有一些顶级管弦乐团的 A4 没定成 440 赫兹。比如波士顿交响乐团的 A4 是 441 赫兹，纽约交响乐团是 442 赫兹，许多欧洲乐团的 A4 设成 443 赫兹。

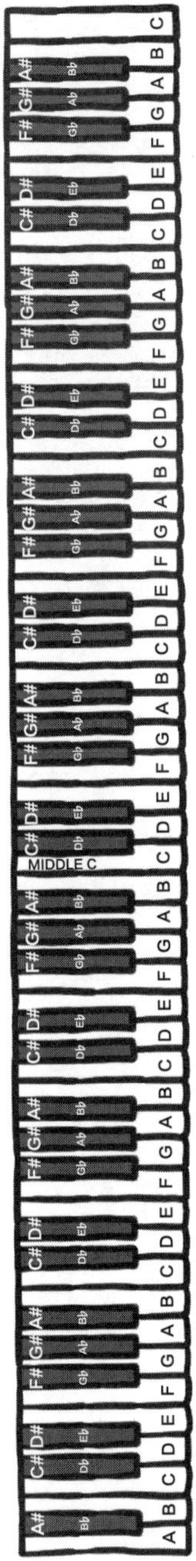

琴弦张好，振动以波的方式从一端传到另一端，使得琴弦成了“S”形。整根弦就是最大的“S”，从头到中，从中到尾，又分成两个长度折半的“S”。这俩又折半成了新的“S”形波。乐音因乐器而异，所以给定一个音，用小提琴演奏听起来是一样的，但与萨克斯演奏出来的是不同的。

声波彼此和谐，我们就称为谐波。因为从物理学的角度来看，谐波呈现固定比例的频率。所以无论风琴、吉他还是双簧管，相对 440 赫兹（A4）的音一定还有个 880 赫兹的音。谁是 880 赫兹呢？就是高了一个八度的 A5。

音乐上一个八度的距离就是键盘上从一个“A”到另一个“A”的距离。对别的音也是一样。一个八度，包含两端，共有 13 个音。音乐上相邻两个音之间的距离叫作“半音”，所以一个八度有 12 个半音。半音的比例就是自乘 12 次等于 2 的数，保留 6 位小数就是 1.059463。

下页表展示了一个八度里 13 个音的频率。

从头开始第几个半音	从头开始的频率倍数	频率倍数的比例表示（近似）
0	1	1 : 1
1	1.059463	17 : 16
2	1.122462	9 : 8
3	1.189207	6 : 5
4	1.259921	5 : 4
5	1.334840	4 : 3
6	1.414214	7 : 5
7	1.498307	3 : 2
8	1.587401	8 : 5
9	1.681793	5 : 3
10	1.781797	9 : 5
11	1.887749	15 : 8
12	2	2 : 1

上表中，如果第一个音是“C”，那么白格就是“C”“D”“E”“F”“G”“A”“B”“C”，也就是标准的 C 大调。灰白格的形式表示钢琴键盘，白格是白键，灰格是黑键。

从“C”到“E”有 4 个半音（音乐上叫“三度”），从“C”到“F”有 5 个半音（“四度”），从“C”到“G”有 7 个半音（“五度”），从“C”到“A”有 9 个半音（“六度”），从“C”到“C”有 12 个半音（“八度”）。在 C 大调里，对于“C”，上面的组合很悦耳，因为它们的频率比例近似为 5：4、4：3、3：2，以及（精确的）2：1，这些和弦既动听又和谐。人们给它们起了个名字叫“乐音”。

在人耳能接受的误差范围内，将某个音的频率乘上比例 1.059463 就正好得到乐音，无论从哪个音（钢琴上的“键”）开始都可以。妙哉妙哉！一个八度里用 54 个音能拟合得更好，但是人类没有那么多手来弹奏乐器呀！

我们知道 A4 设定 440 赫兹为“音乐会标准音高”，在标准音高下 C4 是 261.6 赫兹，是“科学音高”或“萨维尔音高”，因为 1713 年约瑟夫·萨维尔设定 C4 正好是 256 赫兹，于是 C3 = 128 赫兹、C2 = 64 赫兹，以及 C1 = 32 赫兹，全是整数。没有类推。

音乐上，除了一串音符与和弦，还有旋律和波动也符合数学规律。数学家娴于音律。确乎如此，不是巧合。德国数学家和哲学家戈特弗里德·莱布尼茨说过：“音乐就是数数而不知所数何数，以此娱人。”

谜题 1

下图中的每格代表荣登唱片榜的一位音乐家、摇滚歌手或流行乐队组合。你能认出多少呢?

ME$_{\text{ICA}}$	**BGGG**
Ms Wasabi Ms Paprika Ms Turmeric Ms Cinnamon	**Sheep (f) Sheep (f)**
$\frac{\text{Par}}{2}$ $\frac{\text{Par}}{2}$	**EEMM**

谜题 1 的答案在第 20 页。

1.4142135

2005 年底，谷歌第二次公开发行股票，市面上共有 14159265 股。这个数是 π 中小数的前 8 位。2004 年 8 月谷歌第一次公开发行股票，数量是 14142135 股。

下表中，第 2 列是第 1 列的自乘结果。第 1 列中每一行选的数使得第 2 列对应的每一行不会超过 2。

第1列选的数	第1列数自乘的结果
1	1
1.4	1.96
1.41	1.9881
1.414	1.999396
1.4142	1.99996164
1.41421	1.9999899241
1.414213	1.999998409369
1.4142135	1.99999982358225

会不会最后第 1 列中某行的数使得第 2 列对应行的数恰巧是 2 呢？这相当于在问有没有一个确切的数，或者也许是循环小数，自乘等于 2。

一位著名的数学家用在循环节首尾数码的上方加点的方式来表示循环小数。例如，1/3 就是 0.3333…（尾部的 3 个点表示“无穷无尽”），可写成 $0.\dot{3}$。再如，1/6 可写成 $0.1\dot{6}$，1/7 可写成 $0.\dot{1}4285\dot{7}$（关于 142857 的更多内容，参见第 95 页），1/9 可写成 $0.\dot{1}$，1/11 可写成 $0.\dot{0}\dot{9}$。

3/3 就是 1，理所当然。但是 0.3 乘 3“只有”0.9。那我们可以确认 $0.\dot{9}$ 就正好是 1 吗？证明如下。

$0.9999\cdots \times 10 = 9.9999\cdots$

两边都减去 $0.9999\cdots$

$0.9999\cdots \times 9 = 9$

故 $0.9999\cdots = 1$

用数学语言来说，1.4142135…这个数是2的“平方根”，因为 $1.4142135\cdots \times 1.4142135\cdots = 2$。平方根的符号写成$\sqrt{\ }$，所以，比如 $49 = 7 \times 7$，那么 $7 = \sqrt{49}$。同样，我们说1.4142135…的“平方”，如数学上的写法 $(1.4142135\cdots)^2$，就是2。有时数学家不说“××的平方”，而说“××的2次幂”——请看下面方框中的内容。

幂的写法对于数学家和科学家十分方便：“5的2次幂”就是 $5^2=5\times5=25$，“7的3次幂”就是 $7^3=7\times7\times7=343$，“10的4次幂”就是 $10^4=10\times10\times10\times10=10000$。当指数为负，以 10^{-4} 为例，就意味着1除以 10^4。因此 $10^{-4}=1\div10^4=1\div10000=0.0001$。又如 $2^{-2}=1\div2^2=1\div4=0.25$。

术语“平方”和“平方根”大有来头。矩形的面积是高乘宽。比如边长为3个单位的正方形的面积就是3乘3，因此“3的平方”就是3乘3，“4的平方”就是4乘4，以此类推。

毕达哥拉斯和他的门徒曾经为了一个大难题头痛不已。

如果有两个单位正方形（也就是边长为1的正方形），沿对角线切开，可以重新拼接成一个新的正方形。

新正方形的面积为两个小正方形面积之和，所以面积就是2。新正方形的边长就是小正方形对角线的长度，是一个自乘得2

的数，即 $\sqrt{2}$，也就是 1.4142135…。

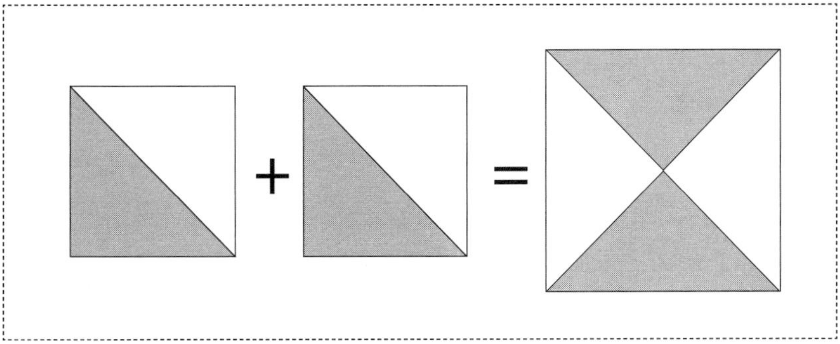

古希腊数学家不懂小数，但是他们知道两个单位正方形可以重组成一个正方形，这十分恼人。因为他们可以描述 $\sqrt{2}$，证明它就是单位正方形的对角线，但是没法用一个数来表示它。

毕达哥拉斯和他的门徒期望所有不是整数的数都能表示成一个整数除以另一个整数。似乎确有其理。可以表示成两个整数之比的数叫作“有理数”，诸如 $\sqrt{2}$ 等不能表示的叫作“无理数”。

我们不知道古希腊人是怎样证明 $\sqrt{2}$ 是无理数的，但是大概与下一页讲的差不多。这个证明初看挺复杂，但是如果 2500 年前的古希腊人能完成，你也可以哦！这个证明巧妙绝伦，值得一读。

将 $\sqrt{2}$ 表示为两个整数 A 和 B 之比。

因为 $A/B=\sqrt{2}$，所以 $A=\sqrt{2}\times B$，并且 $A\times A=2\times B\times B$。

因为 A 和 B 都是整数，所以 A 必能被 2 整除。这意味着 A 可以表示为 $2C$，其中 C 也是整数。

所以 $A\times A=2C\times 2C=2\times B\times B$，所以 $2\times C\times C=B\times B$。

同理得到 B 可以表示成 $2D$，其中 D 是整数，所以 $C\times C=2\times D\times D$。

以上步骤可以重复进行，但毫无意义：一个整数不可能无限地被 2 整除仍得到整数。因此我们（和古希腊人）得出结论：$\sqrt{2}$ 不能表示为两个整数之比，所以 $\sqrt{2}$ 是无理数。

谜题 2 的两问都会用到平方根符号。这题可不简单！

谜题 2

（1）给两个 2，没有其他的数了，用它们来表示 3（式子中可以使用 0）。

（2）给两个 2，没有其他的数了，用它们来表示 5（式子中可以使用 0）。

你只能用本篇文章中出现的数学符号。

谜题 2 中（1）的答案在第 23 页，（2）的在第 28 页。

谜题 1 的答案

Metallica、BeeGees、Spice Girls、U2、Eagles，以及 Eminem

1.618034

这个数字通常写成 ϕ（希腊字母，读作“斐”），人称“黄金比”，又称“神仙比”。数学家、艺术家都爱它。它风靡数学界超过 2500 年，其中缘由，请看一个小小的连等式便知。

$$2.618034 \div 1.618034 = 1.618034 = 1 \div 0.618034$$

据说建筑师、艺术家和摄影师喜欢黄金比是因为呈黄金比的矩形（见下图）最令人赏心悦目。同理，类似下图的十字图形，竖条的下部是上部的 1.618 倍。

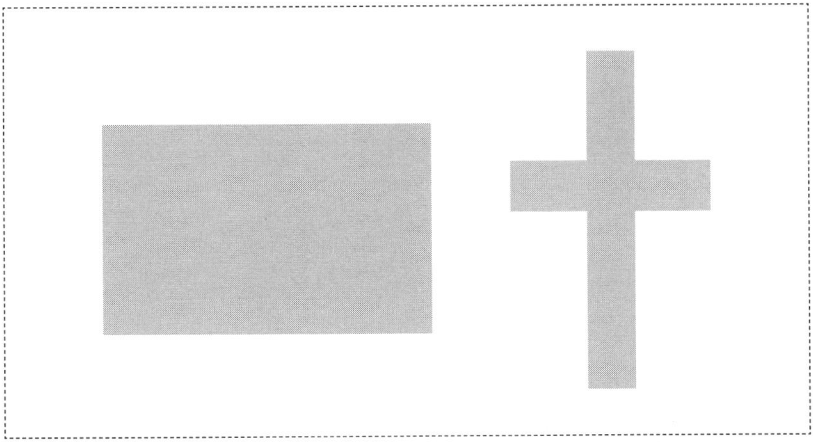

五角星与五边形的结构里也有黄金比。不要忘记，古希腊毕达哥拉斯学派的标志就是中间为五边形的五角星。200 年后或者更晚一些，大约公元前 330 年，古希腊出了一位欧几里得，他把黄金比写进了自己的《几何原本》——一部共 13 卷的几何书中。黄金比对希腊人来说十分重要，他们将其精心运用于建筑之中，帕特农神庙就是一例。

用到黄金比的美术作品包括萨尔瓦多·达利的《最后晚餐的圣礼》、米开朗琪罗创作的西斯廷教堂的壁画、达·芬奇和皮特·蒙德里安为数众多的作品。

可以用亚历山大·J. 李发明的计算器把黄金比算到小数点后 10 万亿位。为何要干这个呢？用他自己的话说“……就是个高中项目，做过头啦”。更正经地说，它可以作为计算机的标杆。

谈黄金比可不能不谈斐波那契。要谈就从他 1202 年的《计算之书》的一个谜题谈起。书的主旨是推广印度 – 阿拉伯数字（也就是当今用的数字），用其取代罗马数字（第 63 页有介绍）。

谜题是这样的。

最初有一公一母两只幼兔。一个月后它们交配了，又一个月后生了一公一母两只兔宝宝。再一个月后，也就是第 3 个月末，第一对又生了一对兔宝宝。第 4 个月末第一对再生了一对兔宝宝，第 2 对也长大了生产了。如此这般，12 个月后有多少对兔子呢？

序列延续如下：1（第 0 月）、1、2、3、5、8、13、21、34、55、89、144、233，所以答案是 233 对兔子。这个问题不简单，用罗马数字更难表示。但是有个捷径哦！这个序列里的数是所谓斐波那契数，从第 3 项开始每项是前两项的和，因此 $233 = 89 + 144$。

上述序列与黄金比何干呢？保留 6 位小数，$233/144 = 1.618056$，序列越往后，相邻项的比例就越接近黄金比。第 17 项 1597，除以第 16 项 987，保留 6 位小数就是 1.618034。

> 雄蜂的繁殖也与兔子一样遵循斐波那契数列。雄蜂从未受精的卵中孵化，所以有母无父。它们的母亲——蜂后，从受精卵中孵化，有母有父。因此各代雄蜂是 1、1、2、3、5、8……

> 1 英里与 1 千米的比约是 1.609，1 千米与 1 英里的比约是 0.621。

因此斐波那契数列的前后项可以用于英里与千米之间的精确转换。

> 除了 1、8 和 144 以外，每个斐波那契数都有个质因数（又称素因数）不是前面任意一项的因子。斐波那契数里只有 1、8 和 144 是平方数或立方数。

> 斐波那契数列符合本福特定律（参见第 12 到第 14 页）。例如，前 400 个斐波那契数里，有 121 个（30.2%）开头为 1，仅有 18 个（4.5%）开头为 9。根据本福特定律，相应的比例为 30.1% 和 4.6%。

小知识：98.99 的倒数开头为斐波那契数列。

小知识：98.99 的倒数开头为斐波那契数列。

$$\frac{1}{98.99} = .010102030508132134 55\cdots$$

斐波那契数还有自己的杂志，叫《斐波那契季刊》，从 1963 年 2 月开始发行，每年至少发行 4 册。

谜题 2（1）的答案

$\sqrt{2 \div 0.\dot{2}} = 3$。

其中：

$0.\dot{2}$ 就是 0.2222…，也就是 $2 \div 9$

因此 $1 \div 0.\dot{2}$ 就是 $9 \div 2$

$2 \div 0.\dot{2}$ 就是 9，所以 $\sqrt{2 \div 0.\dot{2}} = 3$

1.96

从 1875 年到 1894 年，普鲁士士兵意外被马踢死的数量是 196 名。这个统计量既陈旧，又无用，还令人费解。但是数字本身在统计学的历史上自有其特殊地位。1.96 这个数在统计学上举足轻重另有原因。

人类数千年来不断测量，不断记录。例如，“腕尺”这个词是指一个成年人从其伸开的中指到肘的长度，它大概有 5000 年的历史。英制单位“码”的历史不到 2000 年，来历不明，且随着时代的变迁可能有以下定义：1 码等于 2 腕尺，等于男人的腰围，还等于亨利国王的鼻尖到自己中指指尖的距离。

1795 年，法国的法律引入度量系统。米的定义有 3 种：一秒恰好摆一个来回的钟摆的长度，从赤道到北极的距离的千万分之一，在某个安全的地方保存着的定义 1 米的标杆。

最后一种不像听上去那么简单：标杆的长度会随温度、气压以及持握或摆放方式（例如，支起两头水平放的话，标杆中间会有点弯，可能影响整体的长度）而变化。尽管如此，物理标杆仍是标准。地球是很不规则的球体，前两种米的定义并不像看起来那么实用、直观。

于是，人们对更精确的标准的需求日益高涨。1960 年，人们重新定义米为氪 −86 在真空中的橙红色光谱的波长。1983 年，标准又被修改成光在真空中 1/299792458 秒“走”过的距离。难以想象在实践中人们如何精确地测出后者，但是可以让光走得更远一些再测量时间，然后按比例得出答案嘛。

除了精确定义米十分困难，度量距离在实践中也不容易。如今，1 码（36 英寸，1 英寸 =2.54 厘米）被定义成确切的 0.9144 米，所以 1 米保留 2 位小数就相当于 39.37 英寸。但是，如果让许多人各自以英寸为单位的尺子测量 1 米的长度并保留 2 位小数，就难以全都得到 39.37 英寸。大概多数答案比较接近 39.37 英寸，少数不那么接近。

实证中，众所周知，大规模采样的平均值会非常近似真值（“多数人的智慧”）。此外，众所周知，从测量结果来看，大于真值的比例非常接近小于真值的比例。标准的模式是采样值都聚在平均值附近，误差大的对称地收窄，比例曲线渐低，得到所谓“正态分布”，根据形状有时也叫作钟形曲线。下面是个例子。

许多人各自以英寸尺度量 1 米，假设测量结果分布如下。

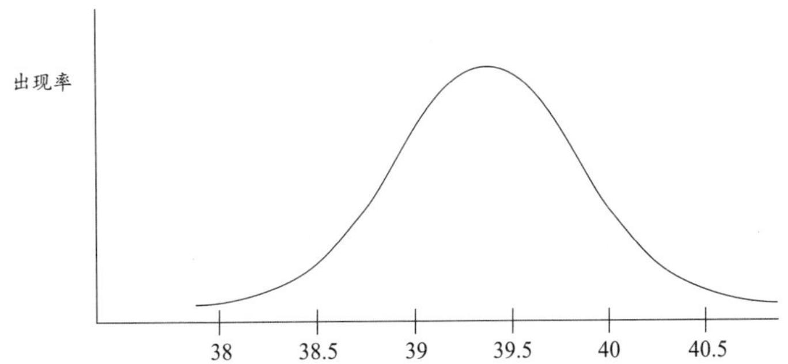

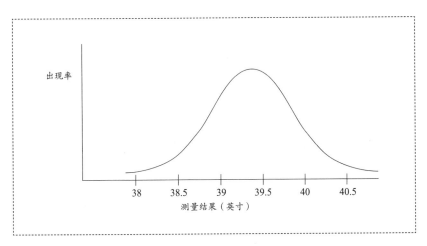

曲线的形状依赖所使用尺子的精度（即最小刻度）。例如，用精度为 0.01 英寸的尺子测量，曲线就会显得又短又粗；用精度为几英寸的尺子测量，曲线就会显得又高又瘦。怎样标准化呢？我们可以计算一个“标准差”来调节。假设数据是呈“正态分布”的，我们可以期望平均 95%

的数据落在中间点左边 1.96 倍标准差和右边 1.96 倍标准差之间。这个区间通常叫作“置信区间”。

这个为什么有用呢？我们假设测量 1 米的数据的标准差是 0.5 英寸。我们可以估计结果不小于 39.37 – 0.5 ×1.96 = 38.39（英寸），误差不超过 2.5%；结果不大于 39.37 + 0.5 × 1.96 = 40.35（英寸），误差不超过 2.5%。在 38.39 ~ 40.35 英寸这个范围之外的，有 95% 的置信度发生了随机的测量错误。当然证明是没法证明的，随机就是随机，但是我们可以提出这个怀疑。

如果我们把 1.96 个标准差换成 2.58 个标准差，上述尺寸范围能覆盖 99% 的结果；换成 3.89 个标准差，上述尺寸范围能覆盖 99.99% 的结果。尽管我们不能做到 100% 确信，推测的随机结果也不是真就随机，但我们可以使用统计表来分配结果的概率，和 / 或把落在置信区间外的结果取平均。如果使用得当，这个计算可以告诉我们这个结果有多么异常或者是否“统计显著”。

谜题 3

这是一道统计谜题：有多大可能下任美国总统腿的数量超过平均数？

谜题 3 的答案在第 28 页。

除正态分布之外还有其他的分布。举个例子，泊松分布，以法国数学家西梅翁 · 泊松（1781—1840）的名字命名。这个分布用于度量事件发生次数，取值都是整数，度量的事件互相独立。或许最有名的泊松分布就是本篇文章开头提到的，细节如下。

1875 到 1894 年，普鲁士的 14 个骑兵团有 196 名士兵意外被马踢死。拉迪斯劳斯 · 博特基维茨（又译为拉迪斯劳斯 · 博特基威茨）在他 1898 年出版的《小数定律》一书里分析了这个数据。博特基维茨在书里只用了 14 个骑兵团里的 10 个，他说这是因为另外 4 个的组织结构不同。下表比较了 20 年间 10 个骑兵团每年被马踢死的真实人数（样本量 200）和泊松分布的预测数。

每年每个骑兵团的死亡人数	0	1	2	3	4	>5
死亡数对应的样本量	109	65	22	3	1	0
泊松分布预测的样本量	108.7	66.3	20.2	4.1	0.6	0.1

泊松分布的拟合几乎天衣无缝，以至于有些统计学家质疑博特基维茨有选择地使用了普鲁士士兵数据，博特基维茨断然否认。

泊松分布另一个常见的例子是足球赛的进球数。如果你知道一个足球队的平均进球数，就可以用泊松分布得出他们无进球、进一球、进两球、进三球等的期望百分比。下图中的队伍平均每场进 1.93 球。

每场进球数的百分比

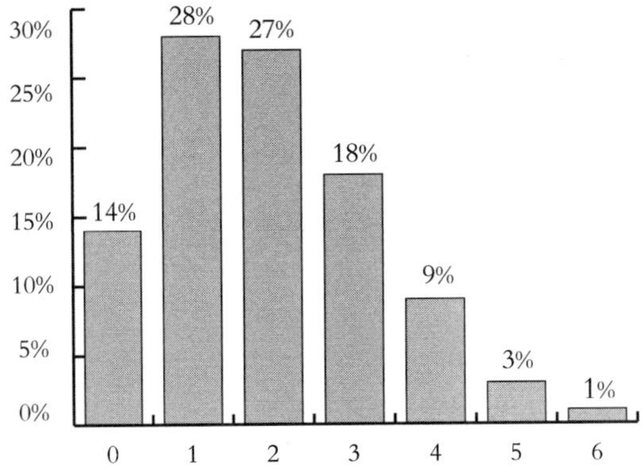

统计学家的目标就是找到拟合数据最优的理论分布——有拟合优度的检验——然后改进理论分布，使其成为最佳预测工具。以上面的条形图为例，如果区分主场、客场就可能拟合得更好（也预测得更好）。

谜题 3 的答案

有的人没有腿，有的人只有 1 条腿，极少有 2 条腿以上的。下一任美国总统的腿数很大可能是超过平均数的。

谜题 2（2）的答案

$\sqrt{0.2^{-2}}=5$。

其中：

$1\div 0.2=5$

$1\div 0.2$ 可以写成 $(0.2)^{-1}$

$(0.2)^{-1}$ 可以写成 $\sqrt{0.2^{-2}}$，所以 $\sqrt{0.2^{-2}}=5$。

2.71828

2.71828…通常以欧拉数之名为人所知。莱昂哈德·欧拉（1707—1783）是历史上最伟大的数学家之一，功勋赫赫，硕果累累。数学家皮埃尔·西蒙·拉普拉斯，人称法国的艾萨克·牛顿，用他的话说："请读欧拉之作，请读欧拉之作，他是我们所有人的师尊。"欧拉数在全世界通用的符号是 e。

许多公式用到了欧拉数。举个例子，e 等于从 0 到无穷所有数的阶乘的倒数之和（参见第 47 页）。前文的正态分布和泊松分布谈到了另外两个例子。还有一个如下表所示。

2/1	= 2.0
3/2 × 3/2	= 2.25
4/3 × 4/3 × 4/3	= 2.37037
5/4 × 5/4 × 5/4 × 5/4	= 2.44141
6/5 自乘5次	= 2.48832
51/50 自乘50次	= 2.69159
501/500 自乘500次	= 2.71557
5001/5000 自乘5000次	= 2.71801
50001/50000 自乘50000次	= 2.71825

请看本篇文章的标题，后续不难猜出。

我们可以采用助记符号来记住 e，这个法子可好了—— "we require a mnemonic to remember e"。数数各个单词的字母数，"we"=2，"require"=7，等等。e 的小数点后第 6 到第 9 位是 1828，与第 2 到第 5 位相同，但仅仅是巧合而已。

欧拉数也是所谓自然对数的基础，它的逆向，自然指数函数亦然，后者是微积分的基础。但是本文后面集中谈的是风靡数学界的欧拉恒等式。首先我们需要定义一个数，叫作“i”。

能表示为两个整数之比的数叫作“有理数”［来自 ratio（比）这个词］，不能表示为两个整数之比的数叫作“无理数”（参见第 19 页）。有理数和无理数合在一起构成所谓“实数”。以 0 为中心，画一条无限长的线，从负无穷到正无穷，这些数都在线上。0 到正无穷之间的数表示的是它们到 0 的距离，负数度量的是从 0 往反方向的距离。

我们把数标注在无穷长的线上，是把数用一维来表示，但是如果我们用二维来表示一个数是什么意思呢？不是将坐标轴旋转 180°，正负逆转；如果你在一根轴上，轴旋转 90°，那么你跑到二维空间的哪里去了呢？

你所在的位置表示为这么两个数，它们自乘得到 – 1。这种数有两个，因为你可以顺时针转 90°，也可以逆时针转 90°。数学家把这两个数叫作“i”和“– i”，是 – 1 的两个平方根。二维空间如下图所示。

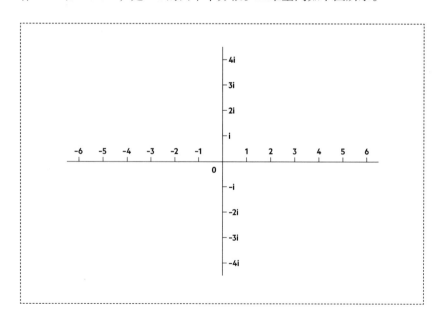

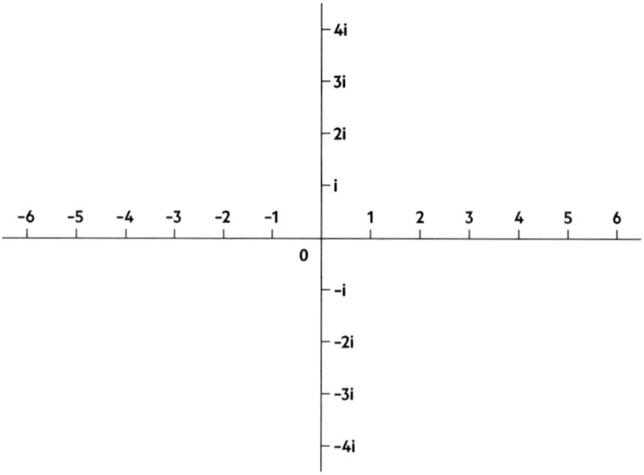

与横轴的“实数”相对，纵轴的数叫作“虚数”。虚数是勒内・笛卡儿给起的名，他的名言是“我思故我在”。

把实数和虚数加起来，得到的数叫作复数。无须多问。复数在数学中的用途“花样百出”，虽然其定义挺抽象，但在科学上应用广泛。

第 18 页有个方框描述了“幂”。补充一下，不是整数也可以求幂，什么数都可以，包括 i、π 之类的虚数、无理数都可以。（参见后文中 π 的定义。）

下图所示是欧拉恒等式，其中 i 是 −1 的平方根，e 是欧拉数。这个公式精美绝伦地展现了数学的“优雅风姿”。数学中的 5 个十分有名的数在一个公式里“交融”。

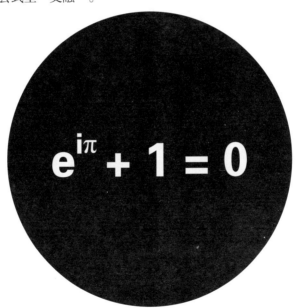

$$e^{i\pi} + 1 = 0$$

3.14159265

一个圆，无论大小，它的周长与直径之比，保留8位小数，都是3.14159265。同样，一个圆，无论大小，它的面积与以它半径为边长的正方形的面积之比，保留8位小数，也是3.14159265。这两个比值都是恒定的，你在许多场合都会用到，如今我们知道这个数就是π，读作“派”，其是希腊字母中的第16个。人类经过了漫长的历史才得到π的更高精度的数值。

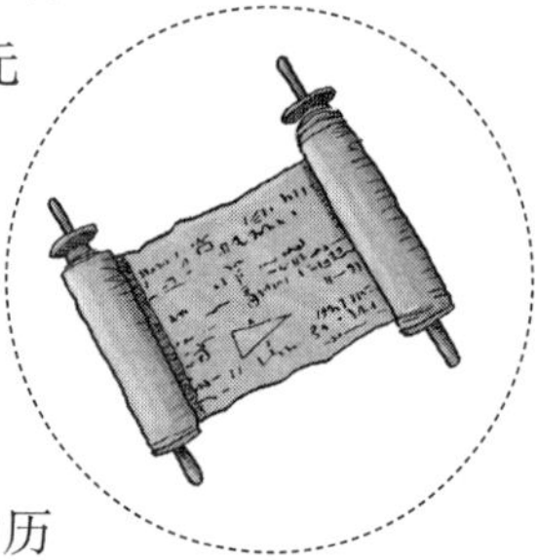

年份	小数位
1400	10
1706	100
1855	500
1949	2037
1958	10021
1961	100265
1973	1001250
1983	16777206
1987	134214700
1989	1073740799
1997	51539600000
1999	206158430000
2002	1241100000000
2011	10000000000050

大英博物馆里有一份文献叫《莱因德纸草书》，据说写于公元前1650年左右。它本质上是一本数学书，包括21道算术题、20道代数题、21道几何题、29道混合题，还有答案。《莱因德纸草书》展现出古埃及人对数学的掌握程度很惊人，包括对π的估计也很准确。他们估计的π是256/81 = 3.16049，比π的真值只高约0.6%。

大约公元前250年，古希腊人对π的估计精度达到99.95%。公元480年，中国数学家祖冲之计算的π精确到7位小数。他还发现了355/113是π的很好的估计（精确到 6 位小数）。

《莱因德纸草书》中有一道题是比较一个圆与等周长的正方形的面积。它可以说是“化圆为方”问题的起源，也就是给定一个圆，怎样构造一个等面积的正方形。人们努力了 3000 多年，1882 年终于证明了这不可能。人们证明了 π 不但是无理数，还是超越数，这意味着它只能用其他超越数来表示，或者用方程表示（得用到无穷个数），从而无法实现化圆为方。

π 不但出现在几何学和三角学里，还在许多著名的数学公式里出现，包括黎曼的 ζ 函数、正态分布和欧拉恒等式。再有个例子是 4－4/3+4/5－4/7+4/9⋯，最后得 π 。

1970 年，一家杂志社组织了一场圣诞主题的比赛，要求参赛者用简便方法记住 π 的前几位数。右图是赢家给出的助记方法。该助记方法是每个单词的字母数就代表 π 的各位上的数，从标题（PIE）开始。

《圣诞派》甜，灵光闪现，圆！团团又圞圞。佳节左尝布丁右衔饼，皆然。

它告诉我们若 π 取小数前 20 位是 3.14159265358979323846。类似地，关于 π 的小数前 15 位，詹姆斯・詹斯爵士如是说：

“酒味甜，干！量子力学，难！课业压双肩。安得金樽琼液泛微澜……”

日常生活中，这些助记法表示的 π 的精度已经足够用了。例如，知道地球的直径，用精确到 10 位小数的 π 估计出的地球周长，误差不超过 1 厘米。

能记住 π 的前 20 位小数已经很了不起了，而创造吉尼斯世界纪录的拉吉维尔・米娜能背诵 π 到小数点后 70000 位！整个背诵花了 9 小时 27 分钟。更惊人的是，1844 年，约翰・扎卡里亚斯・达塞心算 π 到

200 位小数，花了 2 个月时间。

谜题 4

下图的 4 个方格分别代表的是什么呢？不按顺序提示一下：一出戏、一位鼓手、一个高尔夫术语和一种自然现象。

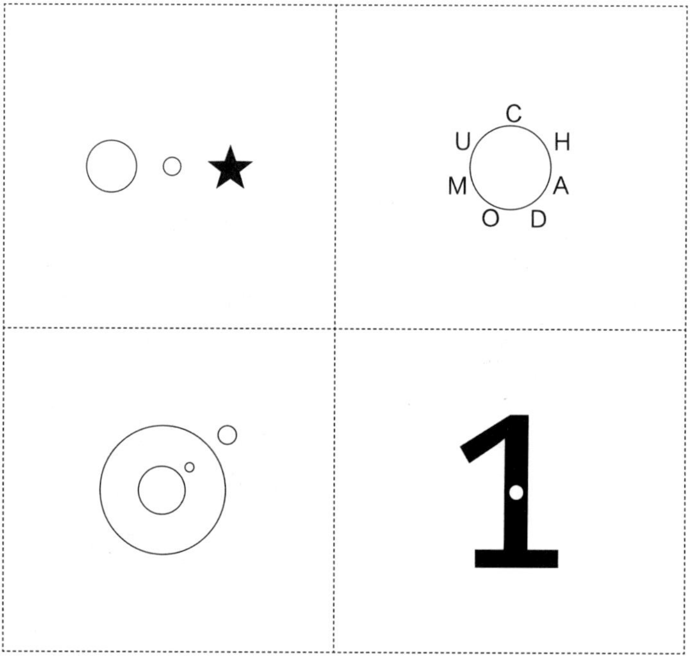

谜题 4 的答案在第 38 页。

第二部分

引人入胜的数

7

7 月 7 日，在第七大道的彩票销售点，一个赌马的局跃入眼帘，7 号马会在晚上 7:00 出战，马名“幸运之七”。他摸索了一下衣兜，还剩 7.77 美元赌这匹马——岂非必胜？还真不是：这匹马跑了第 7 名。

一周有 7 天，莎士比亚描绘人生有 7 个阶段，伊恩·弗莱明的詹姆斯·邦德代号 007，古代世界有七大奇迹，世上有七海，彩虹有七色。毫不意外，7 经常被人们视为幸运数字。在亚历克斯·贝洛斯发起的全球在线投票最喜爱的数字活动中，7 独占鳌头。

谜题 5

这是一道古老的题。我去圣艾夫斯，遇到一个男人，他有 7 位太太，7 位太太带着 7 个袋子，7 个袋子里有 7 只猫，7 只猫有 7 个崽，那么有多少人去圣艾夫斯？这题是挺古老的，大概在公元前 1650 年，《莱因德纸草书》中有类似的题。

谜题 5 的答案在第 41 页。

好多人认为不吉利的数字是 13。在西方世界，有的旅馆把 12 层与 14 层之间的中间层记作 12a。在中国的一些地方，4 被认为是不吉利的，但是中国旅馆里很少有缺失第 4 层的。

谜题 6

下图中的这道题载于英国杂志《听众》的《反射》栏目，这本杂志有 50 年以上的历史。本题的提供者笔名“幸运数”，真名 W. M. 杰弗里，他对自己想出这道题的答案十分引以为豪。在 7 × 13 的格子中填入回文数。

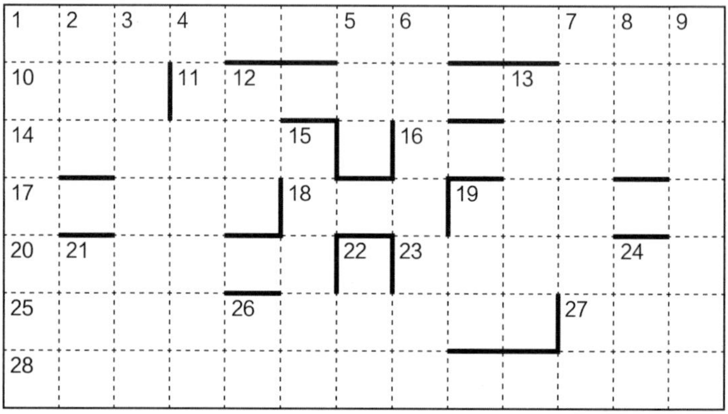

横向，在从标记了 1、10、11、14、16、17、18、19、20、23、25、27、28 的格子出发，向右直到粗线或边缘的格子中填入能被 13 整除的回文数。

纵向，在从标记了 1、2、3、4、5、6、7、8、9、12、13、15、19、21、22、24、26 的格子出发，向下到粗线或边缘的格子中填入能被 7 整除的回文数。

填写条件：

A. 不能重复；

B. 都不包含 0；

C. 都是回文数（正反读都一样）。

第 46 页有个提示，第 49 页有答案。

谜题 4 的答案

林戈·斯塔尔（译者注：甲壳虫乐队的鼓手）

《无事生非》（译者注：莎士比亚的喜剧）

俄亥俄州的严寒（0 摄氏度以下）

一击入洞（译者注：高尔夫术语）

11

按照1750年的（新历）历法，不列颠岛、英国殖民地和美国，在1752年9月“丢失”11天。这也仅是字面上的意思，那就是1752年的9月从2日一夜之间“蹦”到14日。因为儒略历改为格里高利历了，才会有如此剧变。儒略·凯撒（又译为尤利乌斯·凯撒）在公元前45年立儒略历，废罗马历。罗马历里有10个月，“septem”“octo”“novem”“decem”就是拉丁文里的7、8、9、10，在英文里是一年的最后4个月。有两个月份是由儒略历引入的：7月（July——Julius，儒略）和8月（August——Augustus，奥古斯都）。

（2022/2/22——很“二”的一天！）

儒略历的基础是1年有365天又6小时，多出的6小时每4年闰1天。但是，阳历年（地球绕太阳一周的时间）是365天5小时48分45秒，也就是少了11分15秒。为了把宗教节日还原到教会在公元325年设定的日期，格里高利历（以教皇格里高利八世的名字命名）把公元325年以前结尾是“00”而不是400的倍数的年恢复成平年，每400年有97个闰年而不是100个。

1582年格里高利历出现时已经“丢失”10天了，尽管每年多的11分15秒与建立了1200多年的儒略历相比微不足道。当俄罗斯（1918年）、希腊（1923年）和土耳其（1926年）改行格里高利历时，它们各自“丢失”了13天。从1972年到2016年，又追加了27闰秒，因为地球绕轴旋转的速度正在变慢。

谜题 7

一支板球队有 11 名选手。在一个进攻局中，有 10 名击球手都因对方的投球手第一球就投中门柱而出局了。哪名击球手没有出局呢?

谜题 7 的答案在第 46 页。

谜题 8

读者如果不熟悉板球规则，我给你们出这道题。美国的最南、最北、最东、最西分别是哪个州?

谜题 8 的答案在第 49 页。

在不列颠和英联邦国家，11 月 11 日叫作停战日，是为了纪念同盟国与德国在1918年11月11日上午11点签署第一次世界大战的停战协议。在中国，11 月 11 日通常被称作“单身节”，与情人节相对，选择这天，是因为“11”看起来很孤单。

辨别一个数能否被 11 整除有个快捷的办法：如果相间的数码之和相等，那就能被 11 整除。例如，1243 就能被 11 整除，因为（不妨从左边开始）第 1 位加第 3 位数码（1+4）等于第 2 位加第 4 位数码（2+3）。同样，28765 能被 11 整除，因为 $2 + 7 + 5 = 8 + 6$。

有条一般的法则：如果奇数位（1、3、5、7 位等）数码之和比偶数位数码之和少的部分能被 11 整除，那么这个数就能被 11 整除。上面的是其特例。因此，808082 能被 11 整除，因为 $8 + 8 + 8 - 2 = 22$ 能被 11 整除。

谜题 9

仅仅走 11 步就“将死”了国际象棋大师，闻所未闻吧？但是 1910 年在维也纳真发生了这么档子事。国际象棋大师雷蒂执白，在第 11 步将死了国际象棋大师塔塔科维。下图是黑方第 11 步之后的战况。

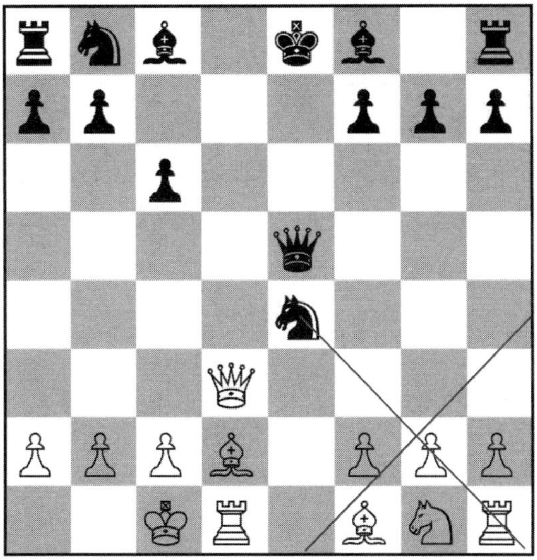

白棋三步杀

谜题 9 的答案和整局棋谱在第 53 页。

谜题 5 的答案

题目说得含糊不清。比如，7 位太太是否跟那个男人一起前行，是一共带了 7 个袋子还是每人带了 7 个？不过这些都无关紧要，它们都是干扰因素，实际上，既然是“我”去圣艾夫斯，遇到的人就是去别的地方，所以有多少人去圣艾夫斯——只有出题的“我”一个人。

15

幻方的行、列、对角线上的数之和都相等。更妙的幻方有个简单的一般原则，也就是都包含数字 1 到 9。下面是个 3×3 的幻方的例子。

6	1	8
7	5	3
2	9	4

行、列、对角线上的数之和都是 15。

1 到 9 构成的 3×3 幻方里，5 必定在中心，我们来说明这点：考虑中间列、中间行和两条对角线。这 4 条线把外圈的每个数包含一次，中心的数 4 次。我们称它为“A 组”，注意 A 组的数字之和是 $15 \times 4=60$。

我们把 3 个横行（如果你喜欢用列也可以）叫作“B 组”。B 组的数加起来是 $15 \times 3=45$。A 组减 B 组就是中心数字的 3 倍，也就是 $60-45=15$。因此中心的数一定是 $15 \div 3 = 5$。

我们再来看一个幻方，幻数为 34，由数字 1 到 16 构成。它在阿尔布雷特·丢勒的版画《忧郁 I 》中很有名。

16	3	2	13
5	10	11	8
9	6	7	12
4	15	14	1

行、列、对角线上的数各自加起来是 34，4 个角的数字之和也是如此，

4 个 2 × 2 的方格也是如此，中间的 2 × 2 方格也是如此。最后一行中间的格子 15 和 14，恰巧蕴含本作完成的年份 1514 年，真是暗藏玄机。

印度数学家拉马努金（又译为拉马努詹）构建了一个幻方，幻数为 139。

22	12	18	87
88	17	9	25
10	24	89	16
19	86	23	11

与之前一样，行、列、对角线上的数字之和相等，4 个角、4 个 2 × 2 的方格、中间的 2 × 2 方格中的数字之和都相等。这个幻方对于拉马努金别有深意，顶端第一行中的数字是拉马努金的生日：22/12/1887。

魔幻六角也可以哦。幻数为 38。

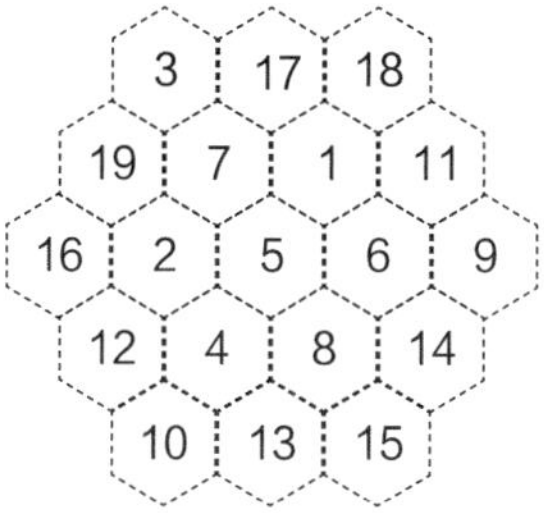

下一页的幻方另有玄机，把每个数都取平方（自乘），还是幻方，幻数从 260 变到 11180。

7	53	41	27	2	52	48	30
12	58	38	24	13	63	35	17
51	1	29	47	54	8	28	42
64	14	18	36	57	11	23	37
25	43	55	5	32	46	50	4
22	40	60	10	19	33	61	15
45	31	3	49	44	26	6	56
34	20	16	62	39	21	9	59

下面的幻方是由前144个奇数素数构成的，1也当作素数。

1	89	97	223	367	349	503	229	509	661	659	827
823	83	227	653	379	359	523	491	199	101	673	3
821	211	103	499	521	353	233	373	73	643	677	7
809	79	107	197	383	647	337	487	541	239	683	5
811	641	193	109	241	389	547	461	347	691	71	13
797	631	557	113	467	331	397	251	191	701	67	11
19	619	719	563	257	317	421	443	181	127	61	787
29	709	727	479	263	311	17	463	569	131	47	769
313	617	607	173	269	409	401	137	577	179	59	773
31	53	139	761	167	307	271	439	571	613	743	419
23	43	757	587	601	293	431	457	163	277	733	149
37	739	281	157	599	449	433	283	593	151	41	751

行、列、对角线上的数字之和都是4514。“神来之笔”是两条对角线上的数从左往右都是升序排列的。

回到开篇的幻方，也就是：

6	1	8
7	5	3
2	9	4

假设有 3 个骰子：A、B、C。A 的各个面上的点数是幻方第 1 行，重复一次，也就是 6、6、1、1、8 和 8。B 的各个面上的点数是幻方第 2 行，重复一次。C 的各个面上的点数是幻方第 3 行，重复一次。

虽然每个骰子的点数是不同的，但是每个的和都是 $15 \times 2=30$。

俩人掷上面的骰子玩儿，点大者赢。

>A 赢 B，平均 9 局 5 胜。

>B 赢 C，平均 9 局 5 胜。

>C 赢 A，平均 9 局 5 胜。

这 3 个骰子就是“非传递骰子”的例子。如果我们不用行，而是用列，例如，骰子 A 各面上的点数就是 6、6、7、7、2 和 2，结果也是一样的：A 赢 B、B 赢 C、C 赢 A，平均都是 9 局 5 胜。

下面再介绍 3×3 幻方的一个特征。每行从左往右和从右往左，比较一下它们的平方和。

$$618^2 + 753^2 + 294^2 = 816^2 + 357^2 + 492^2$$

然后每列从上往下和从下往上，比较一下它们的平方和。

$$672^2 + 159^2 + 834^2 = 276^2 + 951^2 + 438^2$$

对角线也是这般。

$$654^2 + 132^2 + 879^2 = 456^2 + 231^2 + 978^2$$
$$654^2 + 798^2 + 213^2 = 456^2 + 897^2 + 312^2$$
$$852^2 + 396^2 + 417^2 = 258^2 + 693^2 + 714^2$$
$$852^2 + 174^2 + 639^2 = 258^2 + 471^2 + 936^2$$

妙不可言！

谜题 6 的提示

26 号是个两位数的回文数字，又能被 7 整除，所以是 77。故而 25 号的第 6 个数码、15 号的第 2 个数码，18 号的第 3 个数码，28 号的第 9 个数码，都是 7。

18 号能被 13 整除，所以是 767。

2 号和 8 号都是 3 位的回文数，开头数码相同，都能被 7 整除，两者还不一样。

2 号可能是 525、595、616 或 686。不会是 525 或 616，否则 10 号无解。

如果我们假设 2 号是 595，把 2 号与 8 号的逻辑同理套到 21 号与 24 号上去，那么会使 11 号为 5254444525，而它不能被 13 整除，所以 2 号是 686。

谜题 7 的答案

在前 6 球中出局的是 1 号、3 号、4 号、5 号、6 号、7 号击球手。8 号换下了 7 号，但投中 6 球后有机会换投球手。第 2 名投球手投中门柱时上场的是 2 号、9 号、10 号、11 号击球手。没有出局的是 8 号。

23

23是足球场上球员加上裁判的人数。如果他们鱼贯上场，排成一队有几种排列方式呢？

第一个上场的有23种选择，第2个上场的有22种选择，同样，第3个有21种，第4个以此类推。所以答案是23 × 22 × 21 × 20 × … ×3 × 2 × 1，数学上写作23!，读作“23的阶乘”。

阶乘在统计中很有用，因为如果各个事件出现的可能性相同，我们会关心某事件出现的方式与全体出现方式的数量之比。计算出现方式用到阶乘。

阶乘变大特别快，其倒数（倒数就是1除以这个数）变小特别快，如下表所示。

阶乘	阶乘的数值	阶乘的倒数
1!	1	1
2!	2	0.5
3!	6	0.16667
4!	24	0.04167
5!	120	0.00833
6!	720	0.00139
7!	5040	0.00020
8!	40320	0.00002

方便起见，0!=1，所以从0开始前9个数的阶乘的倒数之和是2.71828——这个数理所应当自成一章来介绍，请看第29页。

表中中间列的最后一个数（40320）可以表示4周（即4个星期）总共有多少分钟，也可以表示8个钟敲一圈有多少种敲法。

回到足球赛上，我们可以用一种名为数学归纳法的法子来阐述 23! 是 23 人一个接一个上场的排列方式的数量。需要分两步进行。

第 1 步，我们假设 22! 是已经得到的 22 人的排列数。请看其中第一种排法，第 23 人可以在排头、排尾或者 21 个空位任选一个，就得到了 23 个新排列。推广到 22! 个排列中的每一种排法，如果 22! 对 22 人成立，那么对于 23 人，答案就是 22! × 23，也就是 23!。

第 2 步有点花样。我们用这个法子说明如果 21! 对 21 人成立，22! 对 22 人就成立；如果 20! 对 20 人成立，21! 对 21 人就成立；以此类推，一直到如果 2! 对 2 人成立，那么 3! 对 3 人就成立。我们知道 2! 对 2 人确实成立，因为我们可以数出来，2 人依次登场只有 2 种排法。以此推演，确认了 23! 就是答案。

谜题 10

《莱因德纸草书》第 23 题是，如果有 7 个整数，它们的倒数之和是 2/3，其中 5 个是 4、8、10、30、45，其余两个是多少呢？（译者注：原文是，如果有 7 个倒数……其余两个倒数是多少，这里按中文习惯回到数本身，含义不变。）

谜题 10 的答案在第 53 页。

20 世纪的第 1 年，在巴黎的国际数学家大会上，德国数学家大卫 · 希尔伯特向各位同人提出 23 个未解的数学问题的挑战。这些问题引领了 20 世纪的数学研究。如今，23 个问题里 10 个已经解决了，7 个解决到半程，2 个未解决，4 个由于表述过于模糊无法解决。

人们认为银河系有 1000 亿到 4000 亿颗恒星，宇宙有 1000 到 2000 个星系。估计宇宙中有 1 万亿亿到 8 万亿亿颗星，这个数是个 23 位数。巧了，23! 也是 23 位数。

一个屋子里有多少人，才更有可能有些人生日相同而不是大家生日各异？23 人。人们最初听到这个结论都很吃惊，以为会多一些呢。这是因为：（a）他们没想到 23 人有 253（= 23 × 22 / 2）种配对；（b）大家生日相同也有很多种情况，可以是 3 人同天，4 人同天，两对各自相同，等等。

30 人里（435 对），两人或者更多人生日相同的概率达到 71%，40 人（780 对）有 89%，50 人（1225 对）有 97%，70 人（2415 对）有 99.9%。若要一个屋子里 3 人生日相同的概率超过 50%，屋里得有至少 88 人（109736 个 3 人组）。再来一个，一个屋子里有 50% 的概率每个人都有生日相同的配对，需要 3064 人。

谜题 11

这是一道生日谜题：两个婴儿同年同月同周同日同地同父同母生，却非双胞胎，那是为何？

谜题 11 的答案在第 62 页。

谜题 6 的答案

(1) 5	(2) 6	(3) 8	(4) 5	1	7	(5) 9	(6) 7	1	5	(7) 8	(8) 6	(9) 5
(10) 5	8	5	(11) 4	(12) 1	4	5	5	5	(13) 5	4	1	4
(14) 7	6	7	7	6	(15) 7	9	(16) 5	6	5	5	6	5
(17) 1	7	7	7	1	(18) 7	6	7	(19) 2	7	8	7	2
(20) 7	(21) 5	7	7	5	7	(22) 3	(23) 5	5	5	5	(24) 5	5
(25) 5	2	5	4	(26) 7	7	4	5	2	5	(27) 4	9	4
(28) 5	5	8	5	7	7	3	7	7	5	8	5	5

谜题 8 的答案

美国最南的州是夏威夷。最北、最东、最西都是阿拉斯加。阿拉斯加的阿留申群岛横跨东经 172° 到西经 163° 。

28

一副标准的多米诺骨牌有 28 张，如下图所示。

0 0	0 1	0 2	0 3	0 4	0 5	0 6
1 1	1 2	1 3	1 4	1 5	1 6	2 2
2 3	2 4	2 5	2 6	3 3	3 4	3 5
3 6	4 4	4 5	4 6	5 5	5 6	6 6

上图中，每张牌的牌面上，从 0 到 6，每个数与自己配对一次，再与其他数配对一次。

下图是混在一起的两副多米诺骨牌，但是一副牌都是竖着摆的，一副都是横着摆的。每个方阵里两副牌都有（所以有横也有竖）。首先我们把一对竖着的 0 标记出来。

谜题 12

确定 56 张牌的位置。

4	2	1	4	0	2	2	3
1	5	6	4	0	6	1	3
3	3	6	2	6	3	5	5
6	0	1	2	4	2	3	4
4	0	3	1	1	1	0	0
3	5	4	3	2	5	3	1
3	6	4	0	2	5	4	5

1	0	5	6	0	3	6	1
1	3	3	4	2	2	4	1
4	6	1	1	6	0	2	6
5	2	5	1	6	2	5	5
4	5	0	0	6	6	0	0
2	5	1	3	5	6	0	3
4	4	0	2	4	2	5	6

谜题 12 的答案在第 57 页。

0	0	0	0	0	0	0
6	4	1	4	1	5	3
5	2	6	4	1	5	1
5	2	5	2	6	3	1
3	1	4	2	6	2	6
3	6	3	1	4	2	5
2	5	3	6	3	1	4
0	4	2	5	3	6	4

我们把多米诺骨牌摆成左图这样，第1行全是0(牌面上通常以空白表示)。我们假装第1行压根儿不存在，就得到了一个 7×7 的幻方，示例如下。

忽略第1行的0，余下每行、每列和对角线上的数加起来都是24。

在玩多米诺骨牌时，一般都是玩家轮流把牌一张接一张排成一串。下图是一个例子，两列上的数之和都是22，而两行上的数之和都是66。

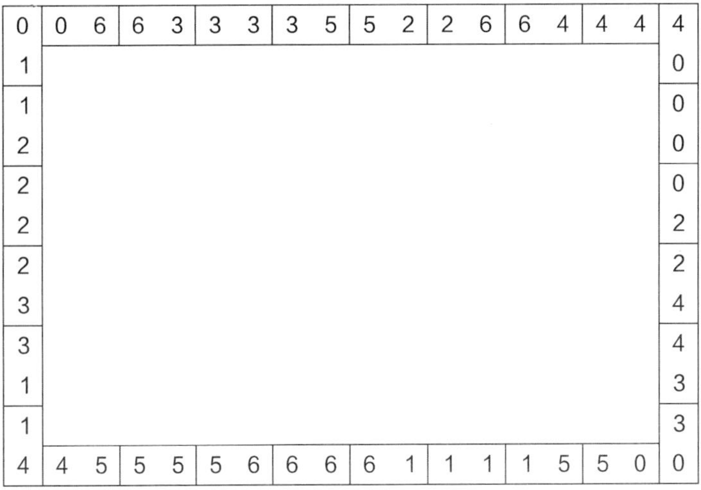

谜题 13

使用 28 张多米诺骨牌构建一个矩形，4 条边上的数之和都是 44。

谜题 13 的答案在第 62 页。

谜题 14

用 32 张多米诺骨牌盖满国际象棋的 64 格棋盘很容易。如果去掉左上角和右下角的格子，剩下的 62 格能否用 31 张多米诺骨牌盖满?

谜题 14 的答案在第 66 页。

28 的因子，除了 1 以外，还有 2、4、7、14 和 28。因为 1/2 + 1/4 + 1/7 + 1/14 + 1/28 之和为 1，我们说 28 是一个“完全数”。公元前 300 年左右，欧几里得创造了“完全数”这个词（用希腊语）。

完全数还有一种定义，就是包含 1 但不包含它本身的因子的和等于它本身。那么根据该定义，28 就是个完全数，因为 1 + 2 + 4 + 7 + 14 = 28。完全数非常难找。到公元 100 年，人们只知道有 4 个完全数，就是 6、28、486 和 8128。第 8 个完全数——2305843008139952128，是 18 世纪的莱昂哈德 · 欧拉发现的。如今，利用超级计算机，人们发现的完全数已有 49 个。

完全数是否有无穷个，是否有奇数完全数（已知的 49 个都是偶数），尚不得而知。所以，如果你读完了本书想找点儿事做的话……

谜题 15

英语中不能用 28 个以内的音节定义的最小整数是多少?

谜题 15 的答案在第 75 页。

谜题 10 的答案

另外两个是 9 和 40。4、8、9、10、30、40、45 的倒数之和是 240/360，也就是 2/3。

谜题 9 的答案

假设黑棋第 8 步是 N × N？？白棋应手 9. R-K1，钉住黑马，使得白方扳回一兵。白方的手段更为高明。全局如下。

	RETI	TARTAKOWER
1.	P – K4	P – QB3
2.	P – Q4	P – Q4
3.	N – QB3	P x P
4.	N x P	N – B3
5.	Q – Q3	P – K4
6.	P x P	Q – R4 ch
7.	B – Q2	Q x KP
8.	O–O–O	N x N??
9.	Q – Q8 ch!	K x Q
10.	B – N5 dbl ch	K – B2
11.	B – Q8 mate	

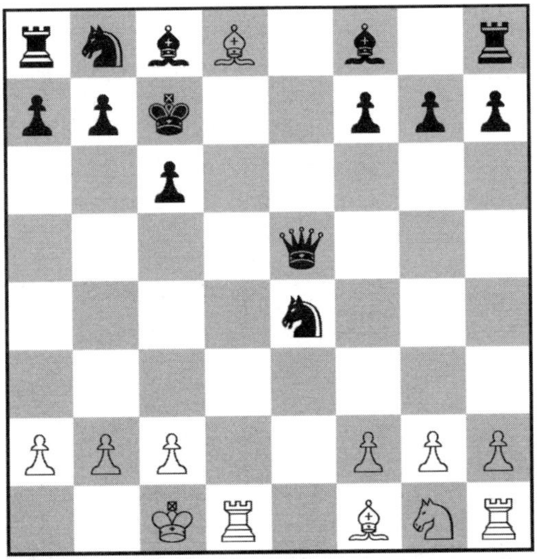

黑棋的第 9 步迫不得已，但是第 10 步可以是 10…K-K1。大势已去，难以挽救，白方只需 11.R-Q8 就能轻易将死对方。

36

谜题 16

一个高尔夫球场前 9 个洞的标准杆之和是 36，各标准杆依次如下：

3 3 5 4 4 3 5 5 4

如果第 10 个洞也按照这个模式来，那么其标准杆是多少？

谜题 16 的答案在第 62 页。

骰子是个六面体，每个面都有不同的点数。投 2 个骰子，就有 6×6=36 种组合。如果一个骰子的面上的点数是 1 到 6，骰子是均匀无偏的，那么掷出一个 4 的概率就是 1/6，而 1、2、3、5、6 也是一样。掷出 3 或者 4 的概率是 1/6 + 1/6 = 1/3，这个大多数人不难理解，但是如果掷 2 个骰子，至少有一个 3 或者 4 又如何呢？

有一种解法是 2 个骰子会掷出 21 种点子。其中 6 种是 2 个骰子的点子一样，15 种是点子不同。有 11 种是带 3 或者 4：(1,3)、(1,4)、(2,3)、(2,4)、(3,3)、(3,4)、(4,4)、(5,3)、(5,4)、(6,3) 和 (6,4)。似乎可以说 2 个骰子掷出至少 1 个 3 或者 4 的概率是 11/21，也就是约 52%。

这个答案不对，因为2个骰子都没掷出3或者4的概率是4/6×4/6=16/36，所以两个骰子掷出至少1个3或者4的概率是1－16/36=20/36≈56%。答案跟上面的差不多，但是这个才是对的。之前的答案错在哪儿呢?

“错”在把2个骰子掷出15种不同点子当成15种可能事件，其实应该是30种。也就是说，在不改变掷出1个3和1个4的事实下，有2种掷法：第1个骰子掷3第2个掷4，或者第1个掷4而第2个掷3。前文说的20种点子中有3或者4的11种点子(1,3)、(1,4)、(2,3)、(2,4)、(3,3)、(3,4)、(4,4)、(5,3)、(5,4)、(6,3)和(6,4)，就是20/36≈56%，这就对啦。

意大利数学家吉罗拉莫·卡尔达诺首先写了关于概率的系统著作。他的书写于1564年，叫作《论赌博游戏》（*Liber de ludo aleae*）。对于他而言这可不只是学术研究——他是个职业赌徒。另外，懂得概率不仅有助于赢牌，还能识别欺诈行为。卡尔达诺的书中明明白白有一章关于欺诈方法的介绍。卡尔达诺亦开负数和复数之先河。

有这么个押宝游戏：如果你掷3个骰子得到1个6，2赔1；得到2个6，3赔1；得到3个6，5赔1。不懂数学的新手会觉得这个游戏胜算很大。因为他们错误地认为掷1个骰子平均有1/6的次数得到6，所以掷3个骰子平均有3/6或者一半的次数得到6。平均概率超过2赔1，似乎至少能回本了。实际上根本回不了本——即使骰子是公平的（也就是不偏向非6的点子）。

掷 3 个骰子，在 $6 \times 6 \times 6 = 216$ 种组合之中，有 $5 \times 5 \times 5 = 125$ 种是不含 6 的，因此两者相减就有 $216 - 125 = 91$ 种组合含有 1 个或多个 6（42%）。这 91 种里有 75 种含 1 个 6 的、15 种含 2 个 6 的，以及唯一含 3 个 6 的。因此如果每局下注 1 美元，玩 216 局的话，玩家可以收回 $(2 \times 75)+(3 \times 15)+(5 \times 1) = 200$ 美元，也就是玩家平均每玩 216 局输掉 16 美元，平均 1 美元的回报是 92.6 美分。

3 个非传递骰子（参见第 45 页）的把戏是让对手任选一个骰子，然后自己从剩下的两个里选能胜的。你可以实现 9 局 5 胜。

换个关于立方的话题，36 和 216 都是连续 3 个数的立方和，如下所示。另外下式也展示了 6 是个完全数。

$$1 + 2 + 3 = 1 \times 2 \times 3 = 6$$

$$1^3 + 2^3 + 3^3 = 36 = 6^2$$

$$3^3 + 4^3 + 5^3 = 216 = 6^3$$

谜题 12 的答案

大多数骨牌没法定位，因为有两种摆法或者更多。例如，首先横的 0−0 骨牌既可以是左边方阵的第 5 行，也可以是右边方阵的第 5 行，若无提示，我们也不知究竟。

有这么 4 张骨牌可以毫不犹豫地判定，就是 0−4 竖、0−6 竖、4−4 横和 6−6 横。我们已经确定了 0−4 竖，且知道 0−0 横不在左边方阵，因此只有一种可能，就是在右边方阵的第 5 行。类似地，我们可以判定 0−5 横在右边方阵的第 1 行，并且左边是 1−1 竖。由此，多米诺骨牌的位置问题迎刃而解，完整答案如下。

4	2	1	4	0	2	2	3
1	5	6	4	0	6	1	3
3	3	6	2	6	3	5	5
6	0	1	2	4	2	3	4
4	0	3	1	1	1	0	0
3	5	4	3	2	5	3	1
3	6	4	0	2	5	4	5

1	0	5	6	0	3	6	1
1	3	3	4	2	2	4	1
4	6	1	1	6	0	2	6
5	2	5	1	6	2	5	5
4	5	0	0	6	6	0	0
2	5	1	3	5	6	0	3
4	4	0	2	4	2	5	6

73

电视剧《生活大爆炸》的主角谢尔顿·库珀（又译为谢尔登·库珀）认为 73 是“最神奇的数”，因为“73 是第 21 个素数，其镜像数字 37 也是素数，是第 12 个素数，两个序数 12 与 21 亦互为镜像数，且 21 是构成 73 和 37 的两个数字 7 和 3 的乘积。”

素数是指在大于 1 的自然数中，除了 1 和它本身以外不再有其他因数的自然数。数字 2 是素数中唯一的偶数（其他偶数均以 2 为其一个因数，故不是素数）。接下来的素数分别是 3、5、7、11、13、17、19、23 等。这里的“等”只是一个笼统描述。目前，也可能永远，我们找不到素数的产生规律（下文陈述）。

调和级数是由正整数的倒数 1/1、1/2、1/3、1/4……之和生成的级数，可以证明，这个级数发散于正无穷大。

第 2 项是 1/2。

第 3 项与第 4 项之和大于 1/4 × 2，因此大于 1/2。

从第 5 项开始，接着的 4 项之和大于 1/8 × 4，也就是大于 1/2。

从第 9 项开始，接着的 8 项之和大于 1/16 × 8，于是同样大于 1/2。

这个过程可无限持续，由此可见，取定任何一个数，都可以在调和级数中依序找到足够多项，使其和大于这个数。

现在设想一下，您就是大名鼎鼎的数学家莱昂哈德·欧拉，如他曾经所为，您把调和级数中的各项平方（即每个数自乘一次），得到新的级数 1+1/4+1/9+1/16+…这个级数若非发散到无穷大，那它收敛到何值呢？欧拉验证这个无穷和为 π × π/6。

这两个无穷和式 1/1 + 1/2 + 1/3 + 1/4 … 和 1 + 1/4 + 1/9 + 1/16 …是黎曼 ζ 函数（以另一位大数学家伯恩哈德·黎曼的名字命名）在某两点

的表达式，黎曼猜想正是关于黎曼 ζ 函数的，是数学家希尔伯特在 1900 年提出的 23 个公开数学问题中的第 8 个。希尔伯特曾这样描述黎曼猜想，以体现破解此世纪难题的艰难：“如果沉睡 500 年，醒来问的第一个问题将是：黎曼猜想可解决了？”

那么，黎曼猜想与我们本节开篇介绍的素数有什么关系呢？已经证明黎曼 ζ 函数也可以表示为由复数和素数构成的一个无穷级数。因此，如果黎曼猜想能够被证明，人们就能进一步洞悉素数世界，而这必将带给谢尔顿更多的惊喜。

素数集合的无限性是易说明的。若否，假设只有有限个素数，那我们把这有限个素数相乘，再加 1，新得到的这个数或为一个新的素数，或其因数并不全在那有限个素数之中。无论为哪种情形，原假设不成立。欧几里得在公元前 300 年左右给出过类似的证明。

另一种证法得于 1850 年俄罗斯数学家切比雪夫证明的一个定理：对于任意一个大于 1 的整数，它和它的两倍数之间存在至少一个素数。例如，在 5 到 10 之间至少存在一个素数，在 10 到 20 之间也至少存在一个素数，在 20 到 40 之间亦然，以此类推，即可知素数集合是无限的。

与素数相关的著名的哥德巴赫猜想可以追溯到 1742 年。这个猜想说的是，任何大于 2 的偶数可以表示为两个素数之和。通过计算机，人们已经证实了哥德巴赫猜想对于 4×10^{18} 以内的偶数都是正确的。而大于 4×10^{18} 的偶数，均有多于 10^{18} 种不同的方式可表示为两个奇数的和。所以，我们也有理由猜测，这些数对中至少有一对恰为两个素数。然而，这并不是证明，随着数的增大，素数越来越少，哥德巴赫猜想在找到确凿证明之前，仍还是猜想。

73 被视为一个“均匀的奇数”，意思是，它被 4 除余 1。因为 73 既是素数又是均匀的奇数，数学家们获知：

（1）73 可以表示为两个完全平方数之和；

（2）上述表示方式唯一（对于 73，只能是 9+64）。

这是法国数学家皮埃尔·德·费马提出的二平方定理（又称平方和定理）前半部分的一个例子，即所有均匀的奇素数（也称为费马二平方素数）都可以表示为两个完全平方数之和。费马二平方定理的另一半同样引人注目：任何不均匀的奇素数（即除 4 余 3 的奇素数）都不能，是的，绝不能表示为两个完全平方数之和。

费马在数论领域做出了相当大的贡献。他曾在一本其正在阅读的书的页边空白处写下了一段著名的话：我已找到了一种绝妙的证明方法，但边角空白处太窄，写不下。这句话写于1637年，直到费马死后才被发现。这个费马证明了的定理后来被称为费马大定理（又称费马最新定理），其内容令人震惊。

> 如果 4 个正整数 a、b、c 和 n 满足等式 $a^n+b^n=c^n$，那么，n 必为 1 或 2。

上式中的 n 作为上标，表示幂运算中的指数（参见第 18 页）。这个定理说明，任意两个立方数（正整数的 3 次方幂）之和不可能是另一个立方数，两个正整数的 4 次方幂之和不可能是另一个正整数的 4 次方幂，以此类推。费马大定理在 1994 年被安德鲁·怀尔斯运用费马那个时代还未有的方法证明了。尽管费马在数学方面成就颇丰，但人们普遍认为，他在当时并未能得到正确的证明，当然，我们对此将永远不得而知。

在第 20 页，证明了 2 的平方根是无理数。利用费马大定理，我们很容易证明 2 的立方根也是无理数。我们用反证法证明。假设 2 的立方根是有理数，那么设其为 A/B。这就意味着 $A^3=2B^3=B^3+B^3$，与费马大定理矛盾。所以，2 的立方根必为无理数。同理可证明 2 的 4 次方根、2 的 5 次方根，等等，都是无理数。

如果要谢尔顿说出第二个有趣的素数，他可能会选

357686312646216567629137，一个包含24位数字的数。它是一个“左截断”素数，也就是说，如果把这个数从左往右逐一截去任意多个数字，剩下的数字仍然是素数。

所以，下图中的24个数均为素数。

357686312646216567629137
57686312646216567629137
7686312646216567629137
686312646216567629137
86312646216567629137
6312646216567629137
312646216567629137
12646216567629137
2646216567629137
646216567629137
46216567629137
6216567629137
216567629137
16567629137
6567629137
567629137
67629137
7629137
629137
29137
9137
137
37
7

素数被运用于密码学中（密码学一词的英文是 cryptography，源于希腊语，意思是隐匿或秘密书写），这是因为一个重要的发现，例如，将两个 250 位素数相乘要比将一个 500 位数进行因式分解容易得多。另外，素数也可以用于一些电子游戏中的伪随机数生成器。

谜题 17

设想 73 名选手参加一个淘汰制网球赛事，不算轮空，需要多少场比赛才能决定最终胜负？答案见第 66 页。

谜题 11 的答案

一种答案是他们是三胞胎中的两个。

谜题 13 的答案

0	0	3	3	2	2	1	1	1	1	5	5	3	3	3	3	4	4
6																	5
6																	5
5																	2
5																	2
5																	6
5																	6
0																	6
0																	6
4																	1
4																	1
4	4	6	6	3	3	1	1	4	4	2	2	2	2	0	0	0	0

谜题 16 的答案

多少杆取决于这个洞的序号有几个字母。按这个序列来，第 10 个洞的标准杆是 3（译者注：ten 有 3 个字母，所以是 3）。

100

世间有 100 类人，如下。

1	那些不懂二进制记数，却洞悉此表的人
10	那些不懂二进制记数，亦不明此表的人
11	那些懂二进制记数，却不明此表的人
100	洞悉此表的人

二进制记数仅用两个数码——0 和 1 表示数，不涉及其他数码（2、3、4、5、6、7、8 和 9）。二进制以 2 为基数，而日常广泛使用的十进制以 10 为基数。譬如，十进制数 1834 表示的是

$$10^3\times 1+10^2\times 8+10\times 3+1\times 4$$
$$=1000+800+30+4=1834$$

二进制数 1101 表示的是

$$2^3\times 1+2^2\times 1+2\times 0+1\times 1$$
$$=8+4+0+1=13$$

因此，二进制数 10 表示的是十进制数 2，二进制数 11 表示的是十进制数 3，二进制数 100 表示的是十进制数 4，二进制数 1000 表示的是十进制数 8，二进制数 1101 表示的是十进制数 13。二进制记数很有用，计算机的工作原理就基于二进制记数理论：以“关”表示 0，以“开”表示 1。

为了区分十进制数 100 和二进制数 100，数学家们分别把这两个数记作 100_{10} 和 100_2。其他进制的记数方式也是有的，且在历史上也曾出现过。约 6000 年前，苏美尔人就曾使用六十进制（以 60 为基数）记数。

而如今，我们还在使用 60 分钟一小时，60 秒一分钟，一个圆周 360°，等等。《莱因德纸草书》中的第 23 题也正是讨论 360 的因数的。

小知识：28 是个“完全数”，496 和 8128 也是；作为完全数，28 是 1 和 3 的立方和，496 是 1、3、5、7 的立方和，8128 是 1、3、5、7、9、11、13、15 的立方和。

谜题 18

4 点 20 分时，表盘上的时针与分针之间的角度是多少？答案见第 69 页。

无论是二进制还是十进制，符号“100”的巧妙之处都在于使用了一个本身没有任何意义的符号。而正是这两个“0”告诉我们，数“100”中的“1”其含义远不止数字“1”。我们把印度 – 阿拉伯数字表示法称为“位值制”。罗马数字并不是这么记数的，这使得运用罗马数字算术较为困难。罗马数字其实便于记录，而非计算。从下面的填数游戏，可

谜题 19

在下面的填数游戏中，所有答数都是用罗马数字表示的完全平方数。

一个整数自乘后得到的数称为完全平方数。譬如，1、4、9、16、25 和 36 都

是完全平方数。再次提醒，上述填数游戏中，每一条横线上的答数和每一条竖线上的答数都是完全平方数。

罗马记数制中的 7 个基本符号分别为：I 表示 1，V 表示 5，X 表示 10，L 表示 50，C 表示 100，D 表示 500，以及 M 表示 1000。譬如，罗马数字 VIII 就表示 8，数字 LXXVI 表示 76，数字 MDCCCLXII 表示 1862。

罗马数字中并不是用 IIII 和 VIIII 来表示 4 和 9，而是分别简写成了 IV 和 IX。类似地，数 40、90、400 和 900 对应的罗马数字分别为 XL、XC、CD 和 CM。因此，数 1904 对应的罗马数字是 MCMIV，而不是 MDCCCCIIII。

罗马数字体系简化的规则是小的数字在大的数字的左边，所表示的数等于大数减小数得到的数。由此规则，我们可以得到更多的简化数字，如 IL 表示 49，XM 表示 990，但只有上段中提到的 6 个简化数字会被用于这个填数游戏之中。所以，如果 49 出现在游戏的答数中，将被记作 XLIX。

谜题 19 的答案在第 72 页。

窥见一斑。

回到印度－阿拉伯数字。100 是一个实用数。也就是说，在 1 到 100 之间的任何整数都可以表示为 100 的某些因数之和，且这些因数各不相同。例如，83 是 100 的 5 个因数（50、25、5、2 和 1）的总和。实用数很常见。从 1 到 200 总共有 50 个实用数。除了 1，所有实用数都是偶数。其他实用数的例子还有 12、42、128 和 196 等。

下面是 100 的因数和式。

$$1+3+5+7+9+11+13+15+17+19=100$$

这恰为自然数中前 10 个奇数之和，因此 $10^2=100$ 成立并非巧合。事实上，任何从 1 开始的奇数数列，其和都是完全平方数。譬如，前 5 个奇数之和等于 5^2：$1+3+5+7+9=25=5^2$。下图诠释了这一规律。

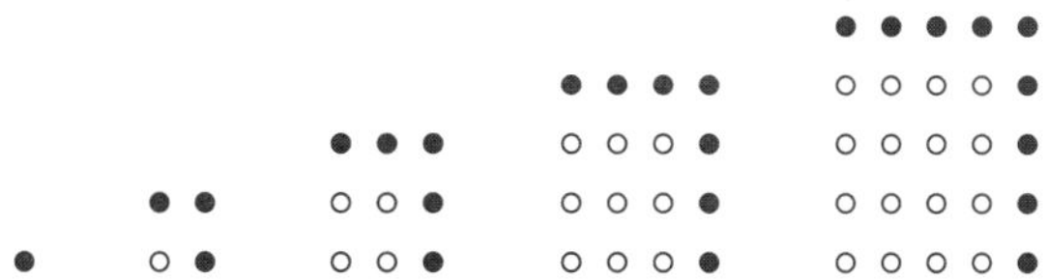

上图前 4 个方阵的点数和也是 100，但我们发现了更奇妙的！

$$1^3 + 2^3 + 3^3 + 4^3 = 100$$
$$(1+2+3+4)^2 = 100$$

这个规律其实同样适用于任何从 1 开始的自然数数列，如

$$1^3 + 2^3 = 9 = (1 + 2)^2$$
$$1^3 + 2^3 + 3^3 = 36 = (1 + 2 + 3)^2$$
$$1^3 + 2^3 + 3^3 + 4^3 + 5^3 = 225 = (1 + 2 + 3 + 4 + 5)^2$$

……

下面的式子通过把 9 个非零数码按升序排列，给出了 100 的另一种表示方式。

$$1 + (2 \times 3) - 4 + (56 \div 7) + 89 = 100$$

这次用了 6 个基本运算符，外加 2 组括号。

谜题 20

仅使用基本的运算符（加、减、乘、除）和必要的括号来给出 100 的两个表达式。要求使用 9 个非零数码，按升序排列；一个表达式只使用 3 个运算符，另一个使用 8 个运算符。

谜题 20 的答案在第 75 页。

谜题 17 的答案

为了找到赢家，必须淘汰 72 名选手，所以需要 72 场比赛。

谜题 14 的答案

每张牌无论在棋盘上怎么摆，都会盖住一个白格和一个黑格。所以 31 张牌无论如何盖住的都是 31 个白格和 31 个黑格。题目给定去掉两个同样颜色的格子，剩下 30 格是一种颜色，32 格是另一种颜色，所以这 62 格不能用 31 张多米诺骨牌盖满。

276

第二次世界大战中美英盟军在诺曼底登陆后发动了一场大规模攻击，这次行动的日期——1944 年 6 月 6 日被称为“D-Day”，这次战役是历史上最大规模的海上登陆作战。作战前的准备工作提前一年就已经开始了，部分工作是估算德国人生产的马克五型豹式坦克的总数量。传统情报部门提供了一个估计，但是，一种后来被称为“德国坦克问题”的统计分析技术给出了最好的估算结果。

举一个简单的例子。假设在某条电车轨道上，正在使用的电车从 1 开始依序编号，而我们看见了 3 个电车号码，最大编号是 30。那么，铁轨上的电车总数目的最佳估计是多少呢？

鉴于 30 号电车已经被发现，电车的最少数量应是 30 辆。由此得出电车数目最佳估计值的公式是：最大编号 +（最大编号 ÷ 样本量 – 1）。因此，就上述问题而言，轨道上电车数目的最佳估计是 30+(30/3 – 1)=39。如果在 10 次观测中看到的最大编号是 60，那么最佳估计就是 60+(60/10 – 1)=65。

对于实际的德国坦克问题，缴获的坦克数据包括引擎、齿轮箱、底盘、炮筒和轮胎等的序列号。然而，最有用的数据，是通过估算使用的车轮模具数量得出的，因为两辆缴获的坦克，每辆都有 32 个轮子，提供了 64 个数据点。分析的结果是，德国人在 1944 年 2 月生产的豹式坦克估计有 270 辆，而实际数字（战争结束时得到的）为 276 辆。

一个看似不可能完成的任务，就是仅仅通过采集样本，来估计一个种群的大小，比如一个湖里的鱼的数量。

第二次世界大战期间，德国坦克问题背后的统计分析技术也在其他地方得到了应用，其中一个范例就是对德国 V−2 导弹生产情况的分析。V−2 导弹是世界上第一款远程弹道导弹。从 1944 年 9 月开始，超过 1000 枚导弹直接对准了伦敦，杀死了超过 2000 人。当时没有针对 V−2 导弹攻击的有效防御措施，但英国统计学家所做的工作，使得这种新型德国武器的杀伤力大大降低。

负责针对 V−2 导弹项目的英国统计学家的首要工作之一，就是评估 V−2 导弹射击的精准度。他们把伦敦分成几个区域，观察每个区域上的 V−2 导弹数目。随后，虚假信息被“泄露”出来，称 V−2 导弹射击目标不准，这导致德国人（错误地）重新校准了他们的新武器。这意味着，从那时起，大多数 V−2 导弹都未飞越伦敦，而是进入了人口稀少的地区。而英国后向德国“泄露”的错误信息，则是持续不断的虚假报道，称在伦敦地区，V−2 导弹造成了大量人员伤亡。

解决德国坦克问题，依赖于对收集到的数据按序编号。一个看似不可能完成的任务，就是仅仅通过采集样本，来估计一个种群的大小，比如一个湖里的鱼的数量。事情就是这样完成的。

抓一些鱼，标上记号，然后放回湖里。过一段时间，当这些鱼游散开后，再抓一些鱼作为样本，看看其中有多少鱼是曾被标记了的。假设这个比例是 10%。如果在第一个样本中有 100 条鱼，根据 10% 的比例，我们可以估计有 900 条鱼没有被捕捞到，那么湖中总共就该有 1000 条鱼。

这种统计分析技术被称为捕获－再捕获方法。

换一个话题，“相亲数”是成对出现的，第一对例子是 220 和 284。它们被称为相亲数，这是因为 220 的所有因数（1、2、4、5、10、11、20、22、44、55 和 110，但不包括 220）加起来恰为 284，而 284 的因数（1、2、4、71 和 142，不包括 284）加起来恰为 220。已知的相亲数已超过 10 亿对。相亲数链类似于相亲数，只不过数链中不止两个数。已知的相亲数链不到 6000 个。

由一个整数开始，从第 2 项起，每项为前一项的所有真因数（即除了自身以外的因数）之和，这样得到的数列称为真因数和数列。完全数（详见第 52 页）有一个非常简单的真因数和数列，因为根据定义，完全数的所有真因数之和还是这个数。因此，以完全数 28 开头的真因数和数列就是 28、28、28、28……。真因数和数列以某个完全数不断重复结尾的数字叫作“有抱负的数”（aspiring numbers）。

一旦真因数和数列中出现素数，那么下一项就必为 1，之后的项都是 0。这是否意味着所有的真因数和数列最终都会以 0、完全数、一对相亲数或一列相亲数链的形式结尾呢？还有一种可能是，这个数列无重复项，目前已知的真因数和数列无重复项的最小数可能是 276。这两种情况都还没有得到证实。

谜题 18 的答案

4 点 20 分，分针指向 4，时针指向 4 到 5 的 1/3 位置。4 和 5 之间的角度是 360°/12=30°。30° 的 1/3 是 10°，这就是答案。

666

谜题 21

这是一个关于魔鬼的故事。

一位女士正在前往天国之门去会见圣彼得的路上。她手里拿着一张进入天堂的门票。魔鬼乔装改扮，走近女人，告诉她自己弄丢了去天堂的票，并问她是否愿意分享她的票。作为一个善良的女人（她正在去天堂的路上），她同意了分享。在神的帮助下，这位女士折叠她的门票，将 *A* 点与 *D* 点重合，再折叠将 *B* 点与 *C* 点重合，过程如下图所示。

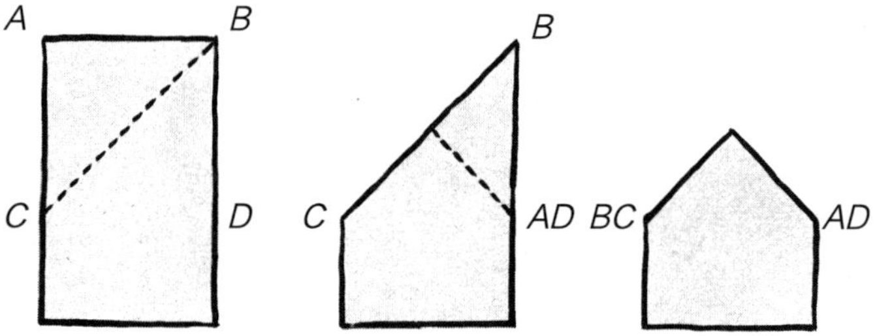

接下来对折，让 *BC* 点与 *AD* 点重合（让魔鬼知晓），并标成如图所示 3 个部分。

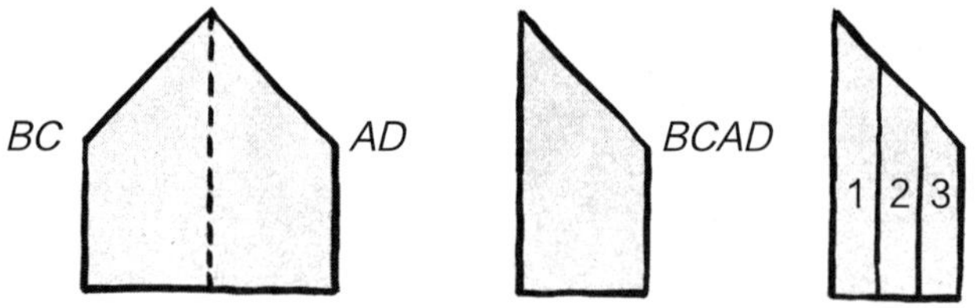

女士把第 3 部分撕了下来，想了想，又把第 2 部分撕了下来，交给了魔鬼。魔鬼为自己的诡计似乎得逞了而欣喜若狂，他捏着几张门票碎片冲向天堂之门，把它们交给了圣彼得，要求获准进入。圣彼得看了看这些碎片，把它们抛到空中，下图正是这些碎片落地后的样子。

想知道这位女士手中剩下的半张门票展开后的样子，读者不妨试试。

谜题 21 的答案在第 75 页。

666 是前 6 个罗马数字基本字符按降序排列所得的数，即 DCLXVI。

而令数字命理学家感兴趣的是，666 恰为最小的 7 个素数的平方之和：$2^2 + 3^2 + 5^2 + 7^2 + 11^2 + 13^2 + 17^2$。

轮盘赌转轮上所有数字的和，也就是从 0 到 36 这 37 个整数之和，也是 666。

谜题 22

使用 1、2、3、4 和 5 中的每一个数码一次且仅一次，并按规则使用括号、小数点以及 +、−、× 和 ÷ 运算符，得出一个 666 的表达式，再分别得出 111、222、333、444、555、777、888 和 999 的表达式。

谜题 22 的答案在第 79 页。

谜题 19 的答案

罗马数字中，含两个字符的完全平方数仅有 4 个：IV、IX、CD 和 CM。字符 I 只能出现在罗马数字的后 3 位。因此，表中 2d、3d 和 8a[1] 都必须以字符 C 开头。数字 V 和 X 有类似的结论，可知 19d 也将以 C 开头。

1a 只能以 CCC、DCC 或 MCC 开头。可能的数字有 CCCXXIV、CCCLXI、DCCXXIX、DCCLXXXIV、DCCCXLI、MCCXXV、MCCXCVI 和 MCCCLXIX。只有最后一个是含有 8 个字符的，所以 1a 是 MCCCLXIX。5d 是 XXXVI，6d 是 XLIX。14a 不能是 IV，因为若否，15d 无解。因此 14a 是 IX，15d 是 XLIX。2d 和 3d 只能是 CD 或 CM。因此，7a 的第 3 位和第 4 位可能是 DM、DD、MM 或 MD，但 DM 或 DD 不符合罗马数字表示规则。因此，7a 以 MMMM 或 MMMD 开头，那只能是 MMMDC。继续这样做将解决这个谜题。到此，我们也应庆幸，今天我们所使用的是印度 – 阿拉伯数字。

	1 M	2 C	3 C	4 C	L	5 X	I	6 X	
7 M	M	M	D	C		X		L	
8 C	M			9 L	X	X	X	I	
10 C	X	11 L	12 I	V		V		X	
13 X	X	X	V	I		14 I	15 X		16 C
17 X	V	I			18 M		L		X
V		V		19 C	D		I		X
			20 M	M	C	M	X	V	I

[1] 译者注：2d 中的“d”表示英文“down”。2d 表示表中以数字 2 开头往下的字谜，此处答案为 CM。3d 表示表中以数字 3 开头往下的字谜，此处答案为 CD。8a 中的“a”表示英文“across”。8a 表示表中以数字 8 开头往右的水平字谜，此处答案 CM。其他记号类似。

711

7-Eleven 是一家国际连锁便利店。这个店名是参照该店的营业时间命名的，即从早上 7 点营业到晚上 11 点，一周 7 天。而这个名字也引出了下面的谜题。

一位顾客走进一家 7-Eleven 商店，买了 4 件商品。收银员告诉顾客，总价钱是 7.11 美元。顾客很好奇，因为总价钱和店名是一样的，所以她让收银员在她面前再结算一下。

然后她发现，收银员用计算器错误地将 4 个价格相乘了，得到的结果是 7.11 美元。收银员再次计算总价钱，这一次 4 个价格是加在一起的，而不是相乘，但结果仍然是 7.11 美元。

之后，顾客把这件事告诉了她的朋友，她被问及这 4 个价格的具体数目。这位顾客却并不记得了，但是她的朋友还是算出来这 4 个数。那么，这 4 件商品的价格到底分别是多少呢？

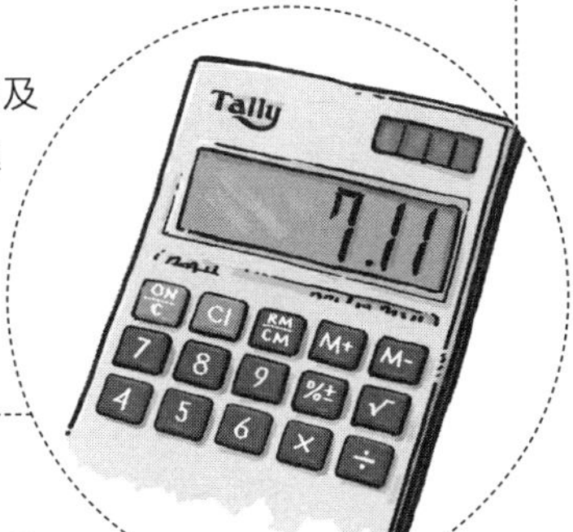

解决方案如下。为了避免使用“美分”这个单位，这个问题可以表述为找到 4 个整数，它们相乘等于 711000000，相加等于 711。考察 711000000 的因数，这些整数相乘等于 711000000，所以它们是 2 × 2 × 2 × 2 × 2 × 2 × 3 × 3 × 5 × 5× 5 × 5 × 5 × 5 × 79。

79 是素数，所以 79 作为因数就意味着 4 件商品中有一个的价格必须是 79 美分的倍数。然而，711000000 还有那么多其他的因数，也就有许多种不同的组合方式生成不同的答案，若没有计算机的协作，要破解上述谜题，计算量太大。

在计算机的帮助下，我们可以尝试在0.01美元到7.11美元之间的所有可能的价格组合，4件商品的价格1美分1美分地增加，但这也需要测试255551481441种组合。为了减少计算时间并去除重复结果，我们可以不失一般性地在计算机中指定：第1件商品的价格是0.79美元的倍数，第3件商品的价格等于或高于第2件商品的价格，第4件商品的价格等于或高于第3件商品的价格。

数据排序就是一种优化，搜索引擎每天可处理数十亿条数据信息。

答案是：4件商品的价格分别为1.20美元、1.25美元、1.50美元和3.16美元。还有一个非常接近但不正确的替代答案：1.01美元、1.15美元、2.41美元和2.54美元。这4个价格加起来确实是7.11美元，但是它们的乘积却等于7.1100061，有0.0000061美分的误差！

优化计算机搜索本身就是一门学问，早在1930年就作为数学问题被研究的旅行推销员问题就展现了其应用。这个问题是关于一个旅行推销员的，他要走访若干个城市，他希望在回家前总行程能最短。若他要走访10个城市，那么就会有360万条可能的路线；若走访20个城市，就有243亿亿条可能的路线，这是一个19位数。一台计算机每秒可以处理10亿条路线，那么就需要24.3亿秒，也就是77年，来测试所有的可能项，而这个时间还只是处理了20个城市的情形。

数据排序是一种优化手段，搜索引擎每天可处理数十亿条数据信息。数据排序的算法（方法）有很多，它们之间的主要区别在于原始数据的排序方式和要排序的数据数量，常用的包括冒泡排序、归并排序、堆排序、插入排序和快速排序。还有一种叫作Tim排序，它是结合了归并排序和插入排序而得出的排序算法。如今，进行数据分析，即对大量数据进行统计分析，已成为一些数学毕业生的择业方向。

谜题 23

一尊雕塑含 25 个零部件，每个零部件的质量是一个整数千克数。其中任意两个的质量之比并非整数。问此雕塑的最小质量是多少？

谜题 23 的答案在第 79 页。

谜题 15 的答案

如果回答“英语中不能用 28 个以内的音节定义最小整数是多少”这个问题，那么答案一定会超过 28 个音节！这个悖论有许多表达方式，有个“贝里悖论”，最初由伯特兰·罗素在 1908 年提出。

谜题 20 的答案

使用 3 个运算符的表达式：123 − 45 − 67 + 89 = 100。

使用 8 个运算符的表达式：1 + 2 + 3 + 4 + 5 + 6 + 7 + (8 × 9) = 100。

谜题 21 的答案

展开，通往天堂的门票剩余部分的形状如下图所示。

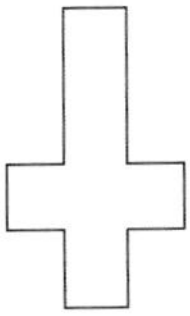

1089

读者可能会在派对中玩这样一种游戏。

> 想一个数字。

> 把这个数乘 2。

> 再加上 10。

> 然后把得数除以 2。

> 减去你开始想到的那个数。

> 咚咚咚——最终答案必为 5。

下面是一个更为复杂的版本。

> 写下一个 3 位数，要求每位上的数字不同，记作 A。

> 把 A 的各位数字逆序排列，记为 B，然后用 A 和 B 中较大的那个数减去较小的那个数。

> 记差为 C。C 还是看作由 3 个数字组成。

> 把 C 的各位数字逆序排列，记为 D，然后把 C 和 D 相加。

> 咚咚咚——最终答案必为 1089。

以 247 为例：

247 的逆序排列数是 742；

$742 - 247 = 495$；

495 的逆序排列数是 594；

$495 + 594 = 1089$。

再以 917 为例：

917 的逆序排列数是 719；

$917 - 719 = 198$；

198 的逆序排列数是 891；

198 + 891 = 1089。

更有趣的是，把 1089 乘 9，得 9801，把乘积（9801）逆序排列，得到的结果，咚咚咚——又是 1089！

1089 的倒数表示成十进制小数形式，是一个循环节为 22 位数字的循环小数，其前 21 位恰好为九九乘法表中关于 9 的所有得数的排列。

$$\frac{1}{1089} = 0.00\ 09\ 18\ 27\ 36\ 45\ 54\ 63\ 72\ 81\ 91\ \cdots$$

这其实不难验证，因为 1089=99 × 11，而 99 的倒数是 0.01 01 01 01…。

9801 的倒数表示成十进制小数形式，是一个循环节为 198 位数字的循环小数：

$$\frac{1}{9801} = 0.00\ 01\ 02\ 03\ 04\ 05\ 06\ 07\ 08\ 09\ 10\ 11\ 12\ 13\ 14\ \cdots\ 94\ 95\ 96\ 97\ 99\ \cdots$$

9801 的倒数为何呈现如此形式，以及循环节中为何独缺 98，请上网查阅。

对于任何非 9 倍数的整数，其除以 9 后所得的余数称为这个整数的“数根”（也称数字根）。一个整数若为 9 的倍数，其数根定义为 9。因此，任一整数的数根必为 0 到 9 中的某个整数，且数根等于 9 的整数必为 9 的倍数。

一个计算数根的简单方法是，把这个整数的各个数位上的数字相加，如果算出来的和大于 9，那么对和的各个数位上的数字再求和，重复这个过程，直到找到数根。

以 1234567 为例，其各位数字之和为 28，28 的各位数字之和为

10，10的各位数字之和为1，因此1234567的数根为1。另一个更快的计算数根的方法称为“去9法”，也就是说，删去整数中所有的9和任何相加为9的数字组合。如在1234567这个例子中，2和7、3和6、4和5可以被“剔除”，留下的1就是这个数的数根。

数根性质独特，因而有诸多运用。两个数A与B和的数根恰为A的数根与B的数根之和的数根。例如，57加71得128，其数根是2，与57的数根3加71的数根8所得和的数根相同。类似地，A与B积的数根恰为A的数根与B的数根之积的数根。通过分析数根可以快速检验计算结果的正误，不过，数根对检验换位错误与否并无效。

请看下表，九九乘法表中关于9的各式。右侧每个数的数根都是9，因为这些数都是9的倍数。如果我们现在取其中任意一个数，并在数字串中插入一个或多个0或9，那么得到的新数其数根仍然是9，这个新数仍可以被9整除。以54为例，我们知道504、5004、5040和5400都可以被9整除，而无须再做除法以确认。类似地，如果我们把3和6配对，按任意顺序插入任何可被9整除的数中，例如将108变成16308或6160338，新得到的数仍可以被9整除。

1 × 9	=	9
2 × 9	=	18
3 × 9	=	27
4 × 9	=	36
5 × 9	=	45
6 × 9	=	54
7 × 9	=	63
8 × 9	=	72
9 × 9	=	81
10 × 9	=	90
11 × 9	=	99
12 × 9	=	108

所有的十位全数字（即每个数刚好包含0、1、2、3、4、5、6、7、8、9这10个基本数码各一个），其数根均为9，这意味着无论这个数中的10个基本数码如何排序（译者注：0不可在首位），它们都可以被9整除。以3782915460为例，若把所有全数字从小到大排列，这个数排在第一百万位，它除以9的商为420323940。

谜题 24

1098765432 是一个全数字，当分别乘 2、4、5、7 或 8 后，得到的乘积仍然是全数字。全数字 8549176320 除以 5 后得到的商也还是全数字，但它还有其他特性。你能否找出?

谜题 24 的答案在第 83 页。

谜题 22 的答案

111 = 135 − 24。

222 = 214 + 3 + 5。

333 = 345 − 12。

444 = (152 − 4) × 3。

555 = 542 + 13。

666 = (5 × 4 ÷ 0.1 −0.2) ÷ 0.3。

777 = (31 × 5 + 0.4) ÷ 0.2。

888 = (15^2 − 3) × 4。

999 = (5^3 × 4 × 2) − 1。

谜题 23 的答案

总质量是 711 千克。单个零部件的质量以千克为单位，分别是 8、12、14、17、18、19、20、21、22、23、25、26、27、29、30、31、33、35、37、39、41、43、45、47 和 49 千克。

1643

艾萨克·牛顿爵士和戈特弗里德·莱布尼茨各自独立提出了微积分理论，这使得他们在数学史上占有举足轻重的地位。但遗憾的是，后来发生了一场关于剽窃指控的、旷日持久的激烈争论，争论的焦点是两人谁先提出了此理论。然而，这两位才华横溢的伟人都因许多其他的工作而闻名：莱布尼茨发明了莱布尼茨轮，它被用于第一台大规模生产的计算器；牛顿尤以其提出的牛顿运动定律而享誉世界。

艾萨克·牛顿爵士生于 1642 年 12 月 25 日，所以我们可不可以肯定地说，他是在圣诞节当天出生的呢？事实上并不如此。牛顿出生的时候人们使用的是儒略历。根据我们今天使用的公历，他并不是在圣诞节那天出生的，甚至都不是在 1642 年出生的。他应该生于 1643 年 1 月 4 日。

牛顿逝世的日期更令人困惑，因为新年伊始并非总是从 1 月 1 日开始。牛顿在世时，英格兰和威尔士的新年是从 3 月 25 日开始的，但按

照 1750 年的（新历）历法（详见第 39 页），1751 年缩短了 83 天，使 1752 年得以从 1 月 1 日开始。同样根据这一历法，1700 年不再有闰日。因此，尽管依记载，艾萨克 · 牛顿爵士去世的日期是 1727 年 3 月 20 日，但其实是我们现在说的 1727 年 3 月 31 日。

"Serendipity"一词是机缘巧合的意思，指意料之外获得机会因缘，是一个很美妙的词。它由英国作家霍勒斯 · 沃波尔于 1754 年根据波斯神话《锡兰三王子》创造。这个故事里 3 个王子通过敏锐的观察和强大的推理能力，判断失踪的骆驼，一条腿跛了、一只眼睛盲了，还缺了一颗牙齿，为自己做出有力的辩护，赢得了赞许。机缘巧合下，一个苹果从树上落下，正好砸中沉思中的牛顿，这使得牛顿对万有引力有了更深入的探究。牛顿的想法是，如果苹果被地球吸引，那么地球也可能会以某种方式被苹果所吸引，即使两物体相距甚远，这种吸引力仍然存在。换句话说，可能是万有引力决定了天体的运行轨道。

> 《自然哲学的数学原理》一书于 1687 年出版，介绍了牛顿运动定律和万有引力定律，全书内容由牛顿提出的一种新的数学理论——微积分理论发展而来。

在 1680—1681 年的冬天出现了一颗彗星，也是机缘巧合，这使牛顿更痴迷于天体力学（天体运动理论）的研究，促成了牛顿的巨著《自然哲学的数学原理》。此书于 1687 年出版，介绍了牛顿运动定律和万有引力定律，全书内容由牛顿提出的一种新的数学理论——微积分理论发展而来。

"微积分"（Calculus）一词源于拉丁语，意为"用于记数的小石头"。微积分理论研究的是变量，其中，微分学研究变量的变化率，积分学研究变量的积分。像"变化率"或"变化率的变化率"这样的词听起来很复杂，但其实每天我们都可能接触到相关的例子。比如"变化率"，我们可能谈论的每小时千米数就是一种变化率；对于"变化率的变化率"，我们谈论的加速度就是其中一种。

对于 xOy 面上的曲线，微分学研究曲线上每点的切线斜率（变化率），只要 x 方向上的增量与 y 方向上的增量之比满足一定的条件。积分学研究曲线上任意一段的下方图形的面积。因此，对时间 – 速度图像，积分计算的是给定时间内质点行驶的总路程，而微分计算的是任意时刻点的加速度。

令数学家们惊喜的是，积分实为微分的逆运算，积分有时也被称为逆微分。微积分学中一个重要的常量是欧拉数 e（详见第 31 页），它满足“e 的 x 次幂”（称为以 e 为底数的指数函数，记作 e^x）的微分仍是它本身。

微积分理论只是牛顿众多数学理论中的一个。他还发明了六分仪（一种导航设备）和牛顿望远镜；他还是牛顿环、牛顿温标、牛顿色盘和著名的牛顿摆的发明者。

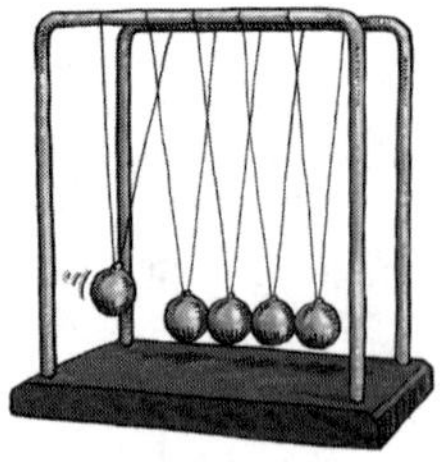
牛顿摆

在科学之外（牛顿可能并不认可这种描述方式），牛顿对《圣经》、神学、秘术（介绍关于如何隐遁的知识）和炼金术也有着浓厚的兴趣。他的个人图书馆里收藏了关于炼金术的大量书籍。据传，在早期学术生涯中，他拥有的图书量更大。炼金术的一个主要目的是找到“哲人石”，一种能把“贱金属”变成黄金的神奇物质。在牛顿所处的时代，有一段时期，擅自研究炼金术是会被判死刑的，所以牛顿自然对他在这方面获得的成果的发表持谨慎、保守态度。

在牛顿生活的时代，炼金术被定为非法的，其原因不仅仅是巨额悬赏发现哲人石的人引发的社会骚乱，有时炼金术也被用作骗人的诡计，还有则是出于担心，因为一旦哲人石被发现，国王所持有的黄金将贬值。今时虽然我们鄙夷炼金术，但近现代化学实为其衍生物。

在关于谁对数学和科学贡献最大的争论中，通常是爱因斯坦和牛顿争夺“第一把交椅”。读者可以自行评判，但请记住，牛顿在爱因斯坦诞生前 200 年就已经提出了微积分和万有引力理论。

下面这个谜题的答案是一个今时今日仍在使用的单词，在艾萨克·牛顿爵士生活的年代，这个词更常用。

谜题 25

请问哪个单词以“kst”居中，以“and”结尾，以“in”开头?

谜题 25 的答案在第 87 页。

谜题 24 的答案

8549176320 中的数字从其单词看按字母顺序排列，其中“0”为“zero”。

1729

拉马努金是一位天赋异禀的印度数学家，从 1914 年开始，他在英国生活了 5 年。英国大数学家哈代是剑桥大学三一学院的教授，亦是天赋极高之人。下面这则逸事是哈代看望住院的拉马努金时发生的故事。哈代回忆：

“我记得有一次他在帕特尼生病时我去看他。我坐的出租车号码是 1729，我觉得这数真没趣，希望不是不祥之兆。‘不，’他回答说，‘这是一个非常有趣的数，可以用两个数的立方和来表示，而且有两种此类表达式的数之中，1729 最小。”

两种表达式，一种为 9 与 10 的立方和，另一种为 1 与 12 的立方和：

$$9^3 + 10^3 = 1729 = 1^3 + 12^3$$

沿着出租车这个话题，我们下面给出新的谜题，其被称为“出租车问题”。

谜题 26

这道题是由阿莫斯·特韦尔斯基和丹尼尔·卡内曼设计的，是他们对人类思维过程研究的部分内容，具体陈述如下。

一辆出租车在夜间肇事后逃逸。城中共有两家出租车公司，一为格林（the Green），一为布鲁（the Blue）。其中格林公司的市场份额占到 85%，布鲁公司的占到 15%。一位目击者证实逃逸出租车为布鲁公司名下车辆。法庭为了验证证词的可靠性，在与事故当晚相同的环境下测试证人的判断。实验的结果是，80% 的情况下能正确识别两家公司中的每一家，20% 的情况下失误。那么，在已知目击者指认肇事逃逸车辆属于布鲁公司的条件下，肇事出租车确实是布鲁公司的而非格林公司的概率有多大呢?

既然已知目击者判断正确的概率是 80%，所以直觉告诉我们此问题的答案应是 80%。但其实这并不是正确答案。我们下面来解释一下为什么。设想，你被告知，每有一辆格林公司的出租车，就有 999 辆布鲁公司的出租车，你会做何反应呢? 即使没有证人的证词，肇事车为布鲁公司车辆的概率也为 99.9%，而有了证人的证词，这一概率必须大于 99.9%。

谜题 26 的答案在第 90 页。

后验概率，如上例所呈现的问题，足以让非统计学家们感到困惑不解。在法律上，它甚至有一个名字——检察官谬误。后验概率是一种条件概率，条件概率理论是由英国数学家托马斯·贝叶斯（1701—1761）发展起来的，他提出了贝叶斯公式，用已知事件 B 发生后事件 A 发生的概率去计算已知事件 A 发生后事件 B 发生的概率。

谜题 27

设想你在一档夜间游戏节目中获胜，可以挑选奖品：一辆汽车或者一头山羊。但是，你并不知道具体是哪一个，因为你面前的 3 个选项（其中两个是山羊）都藏在 3 扇一模一样的门后面。每晚游戏的方式都一样。无论你选择哪扇门，了解门后情况的节目主持人，都会打开另一扇门，露出一头山羊，然后问你是否想改变主意。那么，如果你的目标是赢得一辆汽车，此时该改变最初的选择吗?

谜题 27 的答案在第 94 页。

谜题 28

传说中的丢番图墓志铭

（根据一本 6 世纪的书获知，书中收录了语法学家梅特罗・多勒斯编撰的游戏和谜题）：

这是一座石墓，
里面安葬着丢番图，
请你告诉我，
丢番图寿数几何?
他一生的六分之一是幸福的童年，
十二分之一是无忧无虑的少年。
再过去七分之一的年程，
他建立了幸福的家庭。
五年之后儿子出生，
不料儿子竟先其父四年而终，
只活到父亲一半的年龄。
晚年丧子老人真可怜，
悲痛之中度过风烛残年，
请你告诉我，
丢番图寿数几何?

谜题 28 的答案在第 96 页。

也许条件概率中最难的问题是计算生命自身的概率。正如皮特・海因（1905—1996）所说：

宇宙
也许如他们所说的那般伟大，
但如果它真的存在的话，
它是不会被错过的。

丢番图生活在公元3世纪。他著作的多卷书，后合称为《算术》，其中一个拉丁文译本正是后世费马阅读后在空白处注释，产生费马最后定理（见第60页）的版本。

丢番图曾猜想，每一个正整数都可以表示为4个平方数之和。4平方数和定理最终在1770年由约瑟夫·路易斯·拉格朗日证明。这个问题在同年也引发了华林问题的提出，即对于立方和、4次幂等是否有类似的结论？直到1909年，大卫·希尔伯特才证实了华林的猜想，即类似性质的存在。在此问题的研究中做出重要贡献的还包括拉马努金的同事——大数学家哈代。

华林猜测每一个正整数至多是9个正整数的立方之和。随后数学家们证得，恰需要9个正立方数之和表示的正整数只有23和229。需要7个正立方数之和表示的最大正整数是8042。数学家们进一步猜测，大于1290740的数都可以用5个或更少的正整数的立方之和表示。

87539319可由两个正立方数之和表示，且有3种不同表示方式，是满足这些性质的最小正整数：

$$167^3 + 436^3 = 228^3 + 423^3 = 255^3 + 414^3 = 87539319$$

想必，拉马努金曾爱极了此数。

谜题25的答案

这个单词是inkstand（意为墨水瓶），词中间有“kst”，结尾为“and”，开头是“in”。

5040

柏拉图在他的 12 卷著作《法律篇》中把 5040 作为一个城市的理想人口数。对柏拉图来说，此数的特别之处在于，它有 60 个因数，从 1 到 10 的所有整数都是其因数，而且，此数可被 12 等分，得到的每份还可以继续 12 等分。

$5040=7\times6\times5\times4\times3\times2\times1$。数学家称之为 7 的阶乘，记作 7!。亨利·博科于 1885 年，拉马努金于 1913 年分别独立地猜想：只存在 3 个正整数，其阶乘恰比完全平方数小 1。此猜想还未被证明。已知的一些阶乘的例子都是符合猜想的结论的，如 $4!=24=5^2-1$, $5!=120=11^2-1$ 和 $7=5040=71^2-1$。

将任意 4 个连续正整数相乘，其结果比第一个数与最后一个数乘积加 1 的平方数小 1。例如：

$$7\times8\times9\times10 = 5040$$
$$(7\times10+1)^2 = 71^2 = 5041$$

“5000”的英文是“five thousand”，其中没有重复的字母，且每个元音恰好出现一次。“40”的英文“forty”，是英文中唯一按字母顺序排列的数。“1”的英文是“one”，是唯一按字母倒序排列的数。

英文字母算式表达的数字谜需要把字母代表的数字破解出来。以下是一些常见的规则：

每个字母代表一个不同的数字；

如果一个字母出现不止一次，它始终代表同一个数字；

一串数字的开头字母不能代表 0。

也许最著名的数字谜题是 SEND + MORE = MONEY。此题中，令 S=9, E=5, N=6, D=7, M=1,O=0, R=8, N=6 和 Y=2，就可以得到恒等式 9567 + 1085 = 10652。一些数字谜，包括下面谜题 29 中的 4 个，需要大量的试错，因此，使用计算机解决可能更为便捷。

谜题 29

4 个数字谜，均可借助计算机求解。

```
    SIX
  SEVEN
  SEVEN
-------
 TWENTY
```

```
    ONE
    TWO
    TWO
  THREE
  THREE
-------
 ELEVEN
```

```
 TWELVE
 TWELVE
 TWELVE
 TWELVE
 TWELVE
 THIRTY
-------
 NINETY
```

TIM x SOLE = AMOUNT

谜题 29 的答案在第 94 页。

谜题 30

这个数字谜可手动破解。

RYE^3 = INVENTORY

谜题 30 的答案在第 96 页。

谈及字母，势必提到齐普夫定律，在语言学中可将它作本福特定律。齐普夫定律认为，在自然语言的语料库里，出现频率第 2 高的单词出现的频率大约是出现频率最高单词的 1/2，出现频率第 3 高的单词出现的频率大约是出现频率最高单词的 1/3，出现第 4 高的是 1/4，等等，依次类推。英语中出现频率最高的单词是“the”，排在前 100 位的英语单词约占日常书面英语词汇量的 50%。

其他具有类似齐普夫定律模式的数据集还有，如一座城市的人口规模，又如同一时间、一定地理范围内观看同一电视频道的观众人数。

谜题 31

这里给个提示，此题可被称为十字谜题。

横向
1. 3 与 4 之间的一个数
3. 2d 答案缺个“C”
5. 3！

纵向
2. 4d 答案值与 19 的乘积
4. 5a 答案拼写的 2/3 或答案值的 1.5 倍

谜题 31 的答案在第 99 页。这里给个提示，2d 的答案也等于 5040 的最小的 17 个因数之和。

谜题 26 的答案

在 100 次目击事件中，我们预计有 85 × 20%=17（次），格林公司的出租车会被误认成布鲁公司的车辆，有 15 × 80%=12（次），布鲁公司的出租车被正确指认。因此，在 100 次目击中，证人会认为他们看到布鲁公司出租车 17+12=29（次）。而这 29 次中，实际上只有 12 次是判断正确的，所以正确率是 41%。

24752

24752 是我最喜欢的数字。它代表着一天 24 小时，一周 7 天，一年 52 周。它也表示我的生日——1952 年 7 月 24 日（译者注：按英文的时间表述方式，恰好倒过来）。对我来说，24752 并不是一个随机的 5 位数字串。类似地，由明显可见的规律，12345 或 00000 也不是。除了这 3 个数字串，同样的原因，其他 99997 个 5 位数字串中，许多数字串被选中的概率都要比 1∶100000 高，所以它们也不是完全的随机组合串。这些数字串之所以被挑中并不是因为它们有趣，它们被挑中的原因，尽管不是非常明显，可能是因为它们毫无趣味。

下面讲述的是一个真实的故事，以说明人为的随机行为是很难做到的。一个男人要为他的房子添一个门廊，主要材料是红砖。但在准备砌砖时，他的妻子要出门一趟，并要求他随机砌入少量白砖。于是，他按照一张随机数字表对红白砖块进行了编号。当妻子回来时，门廊已盖好，妻子看后却很不高兴。因为几乎所有的白砖都落在靠上的一方边角。“我希望它们随机摆放。”她抗议说。已成的模样并不是她想要的。她真正想要的是白砖无规律地随意插入红砖间。

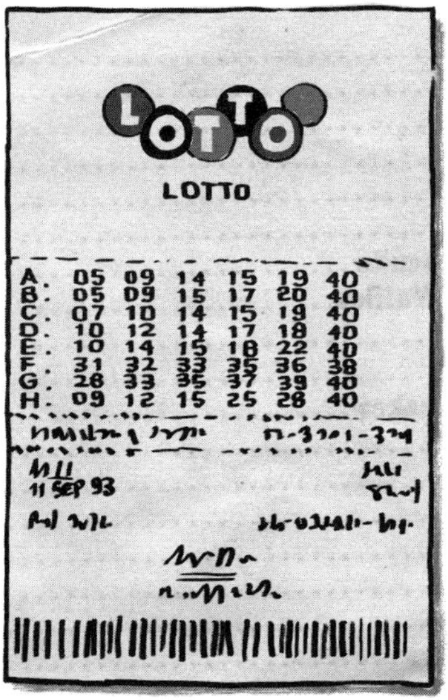

统计试验中常使用一系列随机数以检验结果是否具有统计学显著性，即非随机性。它们也被用于乐透抽奖。如果随机数只会产生无趣的结果，那么它们就不是随机的。下面是 3 个有趣的乐透抽奖的例子（当然是从成千上万个看似无趣的结果中挑选出来的）。

要成为新西兰乐透彩票头奖得主，必须从 40 个号码中选中 6 个中奖号码。单次猜中的概率是 1 / 3838380。在 2018 年 9 月 19 日之前的 6 个月里，新西兰乐透每次开奖，平均有 2.3 个中大奖者。2018 年 9 月 19 日，该数据达到了 40。从表面上看，一次开奖有 40 个头奖的可能性是微乎其微的，几乎不可能发生，但它确确实实地发生了。

那次开出的头奖号码是 3、5、7、9、11 和 13（可能不是开奖的顺序）。40 个头奖得主每人赢得了 25000 美元，而不是他们期望的 1000000 美元。他们如何做到的呢？许多买乐透彩票的人选号时都遵循一个规律，而从这些中奖号码中不难发现这一规律。据说，每次英国国家彩票抽奖都有大约 1000 个人选了数字 1、2、3、4、5 和 6。

2016 年 3 月 23 日，英国国家彩票开奖时未开出头奖，但有 4082 个人选择的 6 个号码中有 5 个被抽中，通常这个人数约为 50。怎么会发生此种情况呢？为什么会有 4082 个人正确选中 5 个数，却没有一个能正确地选中 6 个数？开奖的号码是 7、14、21、35、41 和 42。这些数中有 5 个是 7 的倍数。这 4082 个人中，很多人选择了号码 7、14、21、28、35 和 42。这 6 个数在英国的乐透彩票中被随机选中的概率，与 1 到 59 中任何 6 个数被抽中的概率是一样的，但是因为许多买乐透彩票的人不是随机选择号码，他们知道随着开奖号码的变化，可分享奖金的中奖人数也会随之变化。

抽中 5 个号码的 4082 个人，每个人赢得了 15 英镑。抽中 4 个号码的 7879 个人，每个人赢得了 51 英镑。抽中 3 个号码的 114232 个人，每个人赢得了 25 英镑。这个奖金分配，看似对抽中 5 个号码的人极不公平，因为他们实际得到的奖金数比抽中 3 个号码的人和抽中 4 个号码的人都要少，但是，抽中 3 个号码、4 个号码与 5 个号码的奖金池分别为 61320 英镑、401829 英镑和 2855800 英镑。设想如果只有 50 个人恰好抽中 5 个号码（这是英国国家彩票抽奖的典型情况），那么他们将每人赢得 1226 英镑，而不是每人只赢得 15 英镑。

第 3 个例子是保加利亚国家彩票。2009 年 9 月 6 日的中奖号码是 4、15、23、24、35 和 42。当天并无头奖得主，但 4 天后，在接下来的抽签中，这 6 个数再次被开出，这次有 18 个人中头奖。当然，每个人都非常非常惊讶，但可想而知，这 18 个中奖者中的大多数人，选了上一轮开奖的号码，至少是因为他们认为号码被重复开出是不无可能的。

随机数是实现蒙特卡罗法所必需的，蒙特卡罗法有各种各样的用途。譬如，蒙特卡罗法可以用来检验生日统计的合理性或德国坦克问题的公式的合理性。蒙特卡罗法所需要的只是一台计算机、一个随机数生成器，以及足够的时间来运行 5000 个模拟（打个比方），看看结果会是什么样子。

π 不能表示为分数。若表示成小数，它有无限位数字。因此，一个自然的问题是，π 的十进制展开的各位数字是否可以用作随机数？类似地，黄金比的十进制展开的各位数字可否？或 2 的平方根的十进制展开呢？或 2 的立方根的十进制展开呢？抑或欧拉数的十进制展开呢？

人类算出了 π 的前两亿位数字，虽然已经很厉害了，但这也不过是无限小数极小极小的一部分罢了。

如果 π 的各位数字是随机出现的，那么像 0000、12345 和 24752 这样的数字串，每个该在 π 的前两亿个小数位中出现大约 2000 次。通过查询，我们可知这 3 个数字串出现的次数分别为 1981、2018 和 1974。这个数很是令人鼓舞，但还不足以论证。比如，直到今日，我们仍不能确定 π 的十进制展开式中是否包含无限多个 0。人类算出了 π 的前两亿位数字，虽然已经很厉害了，但这也不过是无限小数极小极小的一部分罢了。

如果 π 可视为由随机数字组成的无限长数字串，如数学家们猜测的那般，那么关于 π 有一个惊人的结论：每一个数字串都将在 π 的十进制展开式中出现。因此，如果运用某种编码，把 π 的各位数字转化为字母，那么每一份已完成的文字作品，每一句曾说过的话，每一份准备书写的文字作品，每一句打算说出的话……都会包含在 π 的表达式中。

谜题 27 的答案

如果主持人一言未发，那么你获胜的概率是 1/3。如果听了主持人的话你并不改变主意，那么你获胜的概率仍是 1/3。因此，改变主意的胜率将是 2/3。一些人最初认为，遵循主持人的提示赢得一辆车的概率是 50%，所以无论你是否改变主意，胜率不变，但这一想法是错误的。实质上，主持人的提示说明你只需去猜测另外两扇门后的情况，而这扇门后必为一头山羊。

谜题 29 的答案

3 个数字谜的答案如下：

650	391	130760
68782	803	130760
68782	803	130760
138214	84611	130760
	84611	130760
	171219	194215
		848015

数字谜 TIM × SOLE=AMOUNT 的答案是 257 × 3806=978124。

142857

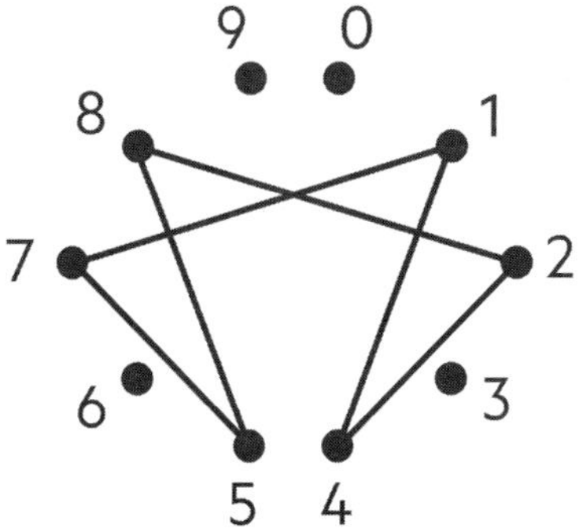

数 142857 和下面一些相关数使用了不同的字号，以强调数字的顺序。它和下面的 5 个新数都遵循上图中的顺序。

第 1 种规律，我们先把 142857 翻倍：

$$142857 + 142857 = 285714$$

把这个答案再翻倍：

$$285714 + 285714 = 571428$$

从答案中减去 142857：

$$571428 - 142857 = 428571$$

把这个答案翻倍：

$$428571 + 428571 = 857142$$

从这个答案中减去 142857：

$$857142 - 142857 = 714285$$

第 2 种规律：

142857 × 142857 = 20408122449；20408 + 122449 = 142857。

第 3 种规律：

14+28+ 57=99；142+ 857 = 999；142857 × 7= 999999。

1 ÷ 7 = 0.142857 142857 142857 142857…。

1 ÷ 142857 = 0.000007 000007 000007 000007…。

其他与 142857 有相似性质的数有 1 ÷ 17 的前 16 位，1 ÷ 19 的前 18 位，1 ÷ 23 的前 22 位。

谜题 28 的答案

假设丢番图逝世时 a 岁，那么：$a/6+a/12+a/7+5+a/2+4=a$。乘 84，以消去分母：$14a+7a+12a+(5\times84)+42a+(4\times84)=84a$。这就简化为 $9\times84=84a-75a=9a$。由此得出 $a=84$，所以丢番图逝世时是 84 岁。

谜题 30 的答案

E ≠ Y, 所以 E ≠ 0,1, 4, 5, 6 或 9。如果 E=2，则 Y=8。那么以 82 结尾的 3 位数的立方将以 68 结尾，因此 R 等于 6。现在我们有 $682^3=317214568$，这是一个答案。代入检验 E 的另外 3 个可疑值，发现 RYE=682 是唯一的答案。

当这个谜题在 1980 年 2 月的一个杂志上发表时，读者只被告知 INVENTORY 是一个完全立方数（没有被告知 RYE 是立方根）。求解此谜题，曾多次运用计算机，包括卡西欧 FX-502P 运行了 11 分钟，德州仪器 SR58 SR 58 运行了 42 分钟。

299792

我的一位朋友，家中有两辆汽车。一辆是他们心爱的跑车，车牌号是 8128；另一辆车的车牌号是 EIIMC2。后一个车牌号是为了致敬爱因斯坦著名的质能方程 $E = mc^2$，其中 E 代表能量，m 代表质量，c 代表光速，c^2 读作 c 的平方，表示 c 自乘一次。字母“c”源于拉丁文“celeritas”的缩写，意为“迅速”。

光大约以每秒 299792 千米的速度传播，更精确地说，是每秒 299792458 米。第二个数据正是度量单位“米”定义的由来。

光速的估算始于丹麦天文学家奥勒·罗默在 1676 年的工作。他发现，当地球位于木星和太阳之间的轨道时，与地球在轨道另一侧时相比，木卫一卫星蚀的时间是不一致的，前后相差了 10 多天。罗默计算出的光速约为每秒 220000 千米，与今天我们获知的速度相比误差只有 27%，相较于当时大多数天文学家认为的光速无限大，光是瞬间到达的，这已是相当了不起的成就了。

1883 年，西蒙·纽科姆与比他年轻得多的阿尔伯特·迈克耳孙合作，使用旋转光镜测算光速为每秒 299810 千米。此结果与今天我们获知的速度相比，误差不到 0.006%。1927 年，迈克耳孙用更好的设备将结果精确到每秒 299798 千米，误差小于 0.002%。

以光的速度，绕地球一周需要 0.13 秒，从太阳到地球需要 8.5 分钟，从太阳到冥王星需要 5.5 小时。从太阳发出的光需要 4.4 年才能到达半人马星座阿尔法星，这是离太阳最近的恒星系统。地球位于银河系中，这是一个以光的速度，需要10万年才能横穿的星系。按照人类的思维维度，光的速度确乎惊人之快；而在宇宙尺度上，由于星系的大小和它们之间的距离如此之大，光速倒显得有点慢了！

质量是衡量物体中物质数量的量度，重量是重力的量度。因此，太空中的宇航员（中国称航天员）是在失重状态下工作的，虽说他们自身的质量并没有发生改变。地球的质量（包括大气层但不包括月球在内）估计为 5.972×10^{24} 千克。左边是一张地球质量与太阳、月球和太阳系中其他行星（冥王星自2006年起被划归为矮行星）质量的对比表。

	质量（$\times 10^{24}$千克）
冥王星	0.013
月球	0.073
水星	0.33
火星	0.64
金星	4.9
地球	6.0
天王星	87
海王星	100
土星	570
木星	1900
太阳	2000000

爱因斯坦在1905年发表了他的质能方程 $E = mc^2$。在那个时候，能量是以不同形式存在的单一事物这一理念，出现还不到50年。动能是一种能量形式，我们今天用这个术语来描述物体因为运动而具有的能量。戈特弗里德·莱布尼茨将这种能量称为“vis viva”（生命力），他是将之与物体因位置而具有的能量（我们今天称之为势能）进行数学联系的第一人。例如，骑自行车的人在山顶上有势能；当他在山脚下飞驰，就有了动能。

另一种形式的势能是化学能（如一个充电电池具有的能量）。1843年，詹姆斯·焦耳通过一系列实验发现，重力势能（因位置而具有的能量）可以转化为等量的热能。一年后，威廉·格罗夫提出势能、动能、光能、磁场能和电能是可以相互转化的一股力量（按现代的术语，称为能量）。1850年，威廉·兰金首次使用“能量守恒定律”一词解释了这一观点。这距离爱因斯坦提出质能方程 $E = mc^2$，仅仅过去55年。

以米 / 秒为单位，光速为一个 9 位数。光速的平方，即 c^2，为 17 位数。因此，只需很小的质量，就能产生巨大的能量。由此可以解释核武器的威力，以及核能发电的原理。

在爱因斯坦提出质能方程 $E=mc^2$ 之前，物理学家们都认为能量守恒定律和质量守恒定律是不同的，是相互独立的。爱因斯坦 1905 年的工作和 10 年后发布的广义相对论推翻了这些定律，并修正了牛顿的运动定律。令人惊讶的是，爱因斯坦在 1905 年发表的关于质能方程的论文只是他当年的四大工作之一。其他的工作是在光电效应方面的，他因此获得了诺贝尔奖，并由此产生了量子力学、布朗运动和狭义相对论。

在北美部分地区，3 月 14 日被称为“π 日”（π 取前两位小数，即 3.14），一些学校在这一天专设数学和科学项目以庆祝，这个特别的节日。爱因斯坦就出生于 1879 年的 π 日，在 1955 年去世。

谜题 31 的答案

1 P	2 I	■
■	3 7	4 I
5 S	I	X

5a 的答案是 3 的阶乘，即 3×2×1=6，英文即“SIX”。4d 的答案是 5a 答案“SIX”的后 2/3 部分，即“IX”，在罗马数字中表示“9”。3a 的提示说 2d 答案缺少“C”，即 2d 答案减去 100：171−100=71（译者注：这里“C”表示罗马数字，即表示“100”）。

100000000

阿基米德的父亲是一位希腊天文学家，因此，也许正是他的父亲向阿基米德提出了那个著名的问题：需要多少粒沙子才能填满宇宙？这个问题很不简单，在希腊语中，最大的数称为“a myriad of myriads”（一万个一万），也就是 100000000，而阿基米德清楚地知道父亲所提问题的答案必定远不止这个数。

现在我们看到 100000000 可能会马上反应过来这就是一亿。科学家们可能会选择说“这是 10 的 8 次幂”，即 $10^8 = 10 \times 10 \times 10 \times 10 \times 10 \times 10 \times 10 \times 10$。这种记数方式在处理非常大的数时很便捷，比如 googol，即 10^{100}。插一句，Google 公司的名字就源于 googol 这个数，只是出现了拼写错误。

为了处理涉及的大数记数问题，阿基米德把 1 到 1×10^8 之间的数定义为第 1 级数，将 10^8，即“a myriad of myriads”的平方 10^{16} 定义为第 2 级单位，并将 10^8 到 10^{16} 之间的数表示为第 2 级数与第 1 级数之差。然后他继续定义了第 3 级数和第 4 级数，以此类推。和今天一样，我们用 10 的各阶幂的倍数来记数，比如 523 就是 5 个 100，加上 2 个 10，再加 3，而阿基米德的这套方法是用亿的各阶幂的倍数来记数。

阿基米德在他的论著《数沙者》中估计，宇宙中可容纳的沙子颗粒数量为 8×10^{63}。在这个计算中，阿基米德做了一些假设，用现代术语来说，

就是宇宙的直径大约为 2 光年，以及地球是围绕太阳旋转的。这个工作是 2000 多年前做的，即使放在今天，这仍是一个不差的估计。巧合的是，爱丁顿（又译为埃丁顿）数，即可观测宇宙（半径约 470 亿光年）中原子数目的估计值，约为 10^{80} 数量级，大致相当于 10^{63} 粒沙子。

阿基米德既是物理学家，又是数学家。据历史记载，阿基米德一日在街上裸奔，口中欢呼着“尤里卡”（译者注：古希腊语，意为“好啊！有办法啦！”）。做出此举的原因，是他在洗澡时突发灵感，对于国王给他的一个久未解决的问题有了办法。这个问题是，在不损坏国王新王冠的情况下，确定其是纯金的还是掺杂了其他廉价金属的。为了解决这一问题，阿基米德可能通过把王冠与等重黄金块浸入水中观察溢水的情况，对两者的体积进行了比较，也可能把王冠在空气中的称重与水下称重进行了比较。

在阿基米德的墓碑上，应其本人要求，刻上了一个球内切于圆柱体的图形，以展现阿基米德最喜爱的发现之一：球体积是与它同高、同直径的圆柱体体积的 2/3。

下面这个谜题亦是阿基米德所喜欢的。

谜题 32

一个圆柱形的网球筒，网球一个一个从下至上垒着，足以装下 4 个网球。如果筒里的 4 个球被拿出两个，则筒里是半满的。如果再放回去一个网球，这时筒里有 3 个网球，还可以说筒里是半满的吗?

谜题 32 的答案在第 102 页。

阿基米德的著作涉及平面几何、立体几何、算术、天文学和力学。在机械力学方面，他的发明包括能牵动满载大船的杠杆滑轮机械以及防御武器（石弩，一种巨型抛石机）。援引阿基米德的话说，只要给一个支点，他就能撬动整个地球。阿基米德还发明了阿基米德螺旋提水器，至今仍用于灌溉。它的工作原理是，转动手柄时，提水器利用螺旋作用在水管里旋转，把水吸上来。

阿基米德被认为是有史以来最伟大的数学家之一。通过圆外切与内接 96 边形周长的计算，他得出圆周率 π（详见第 32 页）在 3.1408 到 3.1429 之间，分析过程已有微积分中微元法的思想（译者注：后人称其方法为“穷竭法”），这个估算结果，精度超过了 99.95%。菲尔兹奖被称为数学界的诺贝尔奖，其奖章上就雕刻着阿基米德的肖像。

谜题 33

不使用计算机，请找出两个数，其平方之和等于 100000000。

谜题 33 的答案在第 107 页。

谜题 32 的答案

记恰能装下 4 个网球的圆柱形球筒的体积为 4 个单位。根据阿基米德公式，一个网球所占体积为一个单位的 2/3。这意味着 3 个网球所占的体积为 2/3 × 3 个单位，即两个单位，也就等于球筒体积的一半。因此，盛 3 个网球的球筒可以说是半满的。

第三部分

无穷及超越无穷

无穷

年轻时，我和朋友们常玩一个游戏，比赛谁说出的数最大。不管一方说出什么数，另一方的答案通常都是“再加 1”“并把得数中的每一个数字都换成 9”。前一个人则会继续重复道“再加 1”“并把得数中的每一个数字都换成 9”。这种对话可能会持续一段时间，然后其中一人会说“再加无穷大”。另一个人会接着说“再加两个无穷大”，等等，按这种模式延续下去。粗听起来，这是个傻傻的游戏，但它启发我们关注一个问题：最大的数是多少？如果这个最大数不是由一串很长很长的 9 构成的，那它会是几？

无穷大是一个数吗？答案可以为“是”或“否”，这要看情况而定。（这个答案让我联想起对一个简单问题“2 加 2 等于几”回答者会有的反应，或“你是在买，还是卖”。）乔治·伯克利在 1734 年称微积分中使用的无穷小为“已死量的幽灵”，其为一个数吗？如果无穷大不是一个数，那么无穷小可以是一个数吗？如果无穷小不是一个数，那么无穷大可以是吗？

大卫·希尔伯特在 1924 年的一次演讲中提出了一个现在被称为希尔伯特旅馆的问题。该问题是，一个拥有无穷多个房间的旅馆，如果满员后，如何做还能容纳更多的客人，甚至是无穷多的客人。希尔伯特的描述大致如下。

若要安顿一位新来的客人：请将 1 号房间的客人移入 2 号房间，2

号房间的客人移入3号房间，3号房间的客人移入4号房间，以此类推。如此，1号房间就空出来了，可以入住新来的客人。

若要安顿无穷多位新来的客人：请将1号房间的客人移入2号房间，2号房间的客人移入4号房间，3号房间的客人移入6号房间，等等，以此类推。如此，所有奇数号码房间就空出来了，这就有了无穷多个空房间。

若要安排无穷多辆长途大巴车上的旅客，每辆大巴车上有无穷多位旅客：按照上面的方法，先把奇数号码的房间腾出来，然后：

> 对于第1辆大巴车中的旅客，把第1位旅客安排在3号房间，第2位旅客安排在（3 × 3）号房间，第3位旅客安排在（3 × 3 × 3）号房间，第4位旅客安排在（3×3×3×3）号房间，以此类推。

> 对于第2辆大巴车上的旅客，依次把他们安排在5号房间，（5 × 5）号房间，（5 × 5 × 5）号房间，（5 × 5 × 5×5）号房间，……

> 对于第3辆大巴车上的旅客，从第3个奇素数，即7开始推算房间号。请旅客依次入住到7号房间，（7 × 7）号房间，（7 × 7 × 7）号房间，（7 × 7× 7×7）号房间，……

> 对于第4辆大巴车上的旅客，从第4个奇素数，即11开始推算房间号。请旅客依次入住到11号房间，（11 × 11）号房间，（11 ×11 × 11）号房间，（11 × 11 × 11×11）号房间，……

后面依次依序安排。因为素数有无穷多个，每辆大巴车上的每一位旅客都能入住自己的房间。

前文提到奇数有无穷多个。虽然我们都知道整数是由奇数和偶数组成的，但从集合论的观点来看，奇数与整数一样多。

这里的“一样多”是什么意思呢？其实是指两个集合中的元素有一一对应的关系。奇数与整数的一一对应关系如下所示。

1，3，5，7，9，11，13，…

1，2，3，4，5，6，7，…

因此奇数有无穷多个，并且是可数的无穷多个。可数性很重要，因为可数性意味着我们可以按第 1 个、第 2 个、第 3 个，等等，一个一个地把所有元素都数出来，这恰好是安排新旅客入住希尔伯特旅馆所需要的性质。譬如，既然新旅客数是可数的，如果我们想计算出第 100 万辆大巴车上的第 10 亿位旅客将被安顿到哪个房间，我们完全可以算出具体房间号。

在上述第 3 种情形，即来了无穷多辆大巴车，每辆大巴车上有无穷多位旅客的情形，新来旅客都安顿后的结果足以让人惊叹。当旅客居住的房间被重新安排好，新来的旅客全都入住后，原本已经客满的旅馆反倒空出了无穷多间房间！除了 1 号房间空着，那些至少具有两个素因数的奇数号码房间，也都是空着的，例如号码 15、21、33、35、39 和 45。

谜题 34

对于问题“既非奇又非偶的数有哪些”，一个答案是无穷大。但是如果换一种思路，此问题会有一个更有趣的答案。你可知是什么吗?

谜题 34 的答案在第 111 页。

谜题 33 的答案

$100000000 = 100 \times 1000000 = (6^2 + 8^2) \times 1000^2 = 6000^2 + 8000^2$。

超越无穷

有人可能会想，无穷大加上无穷多个无穷大还是无穷大，不会有变化，但事实并不是这么简单。德国数学家乔治·康托尔在1874年发表的一篇题为《论全体实代数数的一个特性》的短小而深刻的论文，就揭示了诸多无穷大的区别。

康托尔的论文区分了不同的无穷大：一种是可数的，如有理数集（可以表示为两个整数之商的形式），另一种是不可数的，如整个实数集（有理数和无理数，统称为“实数”）。这使康托尔比电影《玩具总动员》中的巴斯光年领先了100多年，巴斯光年的名言是“飞向无穷……超越无限”。

为了证明有理数是可数的，我们可以用希尔伯特旅馆问题（见前文）说明：无穷多辆大巴车，每辆大巴车有无穷多个座位，就能容纳下所有的有理数。事实上，在座位排序方案中，每个有理数都将分配到无限多个座位！第1辆大巴车分配给分母为1的有理数，第2辆大巴车分配给分母为2的有理数，第3辆大巴车分配给分母为3的有理数，依次类推。（我们注意到每个有理数可以有多种表示形式，例如3/2也可以表示为6/4、9/6、12/8，等等，所以，每个有理数可以分配到无限多个座位。）

在证明实数集不可数之前，先看一个问题：下面的两条线段中，哪条含有的实数最多？

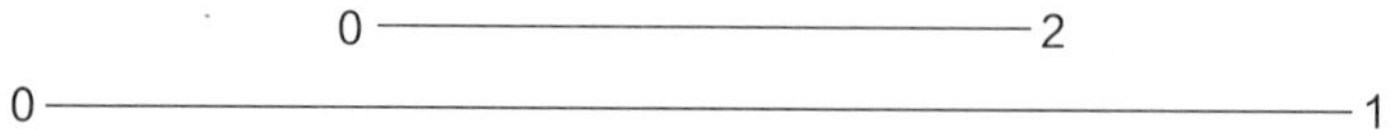

是两端标记为0和2的短线段，还是标记为0和1的长线段呢？答案如下。

首先注意，标记为 0 和 1 的线段可以比标记为 0 和 2 的线段更长，比如，标记为 0 和 1 的线段的刻度单位是米，而标记为 0 和 2 的线段的刻度单位是英尺，那么前者（1 米）就比后者（2 英尺）表示更长的线段。然而，这并不重要，因为有一个简单的证明可以说明，在 0 和 1 之间的数与在 0 和 2 之间的数是一样多的（或者在 0 和 10 亿之间的数，抑或在 0 和 1 / 10 之间的数，都是一样多的）。我们所需要做的就是画两个同心圆，其中一个的周长是 1，另一个的周长是 2（或 10 亿或 1/10）。

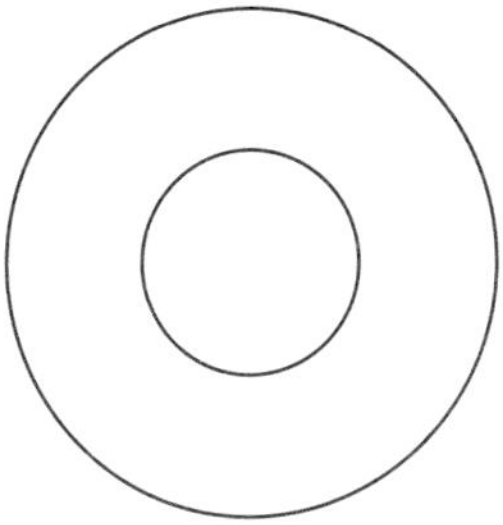

在外圆的圆周上任取一点，其与圆心的连线，交内圆周于唯一的点。于是可知，内外圆周的点数必相同。也可以说，如果两个集合的元素存在一一对应关系，那么，这两个集合就定义为具有相同多的元素。因此，在 0 和 1 之间的数的数量，与在 0 和任何其他数之间的数的数量是一样的，无论这个其他数是大还是小。

为了证明实数是不可数的，康托尔将从 0 到 1 之间的数表示为小数。对于有限位小数，例如 0.25，康托尔用 0.249999…代替之，即写成无限位小数的形式。（关于 0.9999…与 1 的关系详见第 18 页。）

康托尔用反证法，先假设在 0 和 1 之间的数有可数个，也就是说，可以第 1 个、第 2 个、第 3 个，等等，这样排序（具体谁为第 1 个、谁为第 2 个、谁为第 3 个并不重要。然后康托尔构造了一个新数，并证明这个数与已排序的任何数都不同，以此产生矛盾，说明可数性的假设是错误的。

康托尔的方法具体是这样的。

取第 1 个数的小数点后第 1 位加 1，如果和为 10，就取 0。把这个数字作为新构造数的小数点后第 1 位数字。

取第 2 个数的小数点后第 2 位加 1，如果和为 10，就取 0。把这个数字作为新构造数的小数点后第 2 位数字。

取第 3 个数的小数点后第 3 位加 1，如果和为 10，就取 0。把这个数字作为新构造数的小数点后第 3 位数字。

后面以此模式继续。这个新数不同于第 1 个数，也与第 2 个数不同，等等。也就是说，它不同于所有排列出来的数，所以实数集可数的原假设是不正确的。因为不管它们如何排列，总有一些数未罗列出来。事实上，会有不可数个数未被罗列出来。

康托尔将可数无穷大命名为阿列夫 0，其中阿列夫源自 aleph，是希伯来字母表的第一个字母。阿列夫 0 写作：

$$\aleph_0$$

然后康托尔定义了不同的无穷大：如阿列夫 0，阿列夫 1，阿列夫 2，等等。为了解释这些无穷大之间的关系，他借用集合和子集来进行阐述。例如，考察 *A*、*B*、*C* 和 *D* 这 4 个元素构成的集合，包含空集在内，这个集合有 16 个子集，如下表所示。

	A	*B*	*C*
D	*AB*	*AC*	*AD*
BC	*BD*	*CD*	*ABC*
ABD	*ACD*	*BCD*	*ABCD*

此处，子集共有 $2 \times 2 \times 2 \times 2 = 2^4$ 个，这是因为，对每个子集来说，*A* 在或者不在集合中有 2 种可能，*B* 在或者不在也有 2 种可能，*C* 在或

者不在有 2 种可能，D 在或者不在也有 2 种可能。

康托尔提出的问题是，基数（译者注：元素个数概念的推广）为阿列夫 0 的集合，比如整数集，有多少个子集？从上面的例子，我们可以发现这个数是 2 的阿列夫 0 次幂。这是康托尔所定义的阿列夫 1。然后，阿列夫 2 就定义为基数为阿列夫 1 的集合的子集数目，以此类推。

这就是涉及无穷大的数学理论之奇妙处，实数集虽为不可数的，但仍然可以被量化！对于 0 到 1 之间的小数，其小数点后第 1 位的取值有 10 种可能，小数点后第 2 位的取值也有 10 种可能，等等。这意味着，从 0 到 1 有 10^{∞} 个可能的小数 1（正如上面说明的，从 0 到任何其他数情况亦然）。

如果我们用二进制来记数，答案是 2^{∞} 个可能。因此 2^{∞} 和 10^{∞} 是一样大的，更特别的是，我们之前已经证明了，任意给定区间上的实数数目均为 2 的阿列夫 0 次幂，也就是康托尔定义的阿列夫 1。

康托尔在 1878 年提出了他的连续统假设，即有理数的数目（阿列夫 0）与实数的数目（阿列夫 1）之间没有其他数。这一问题的证明或证伪，被大卫·希尔伯特列为其提出的 23 个问题之首。美籍奥地利数学家库尔特·哥德尔在 1938 年证明连续统假设在 ZFC 公理系统中是无法被证明的，美国数学家保罗·科恩在 1963 年证明连续统假设在 ZFC 公理系统中是无法被证伪的。

可悲的是，康托尔和他的想法遭遇了非常的反对。从 1884 年开始，康托尔多次因抑郁症住院。不过，他的工作最终还是得到了认可，1904 年，英国皇家学会授予他西尔维斯特奖章，这是皇家学会授予数学研究者的最高荣誉。库尔特·哥德尔在 1951 年获得了阿尔伯特·爱因斯坦奖，保罗·科恩在 1966 年获得了菲尔兹奖。

谜题 34 的答案

"Never odd or even"（中文译为"既非奇数又非偶数"）是一个回文数，从前往后读与从后往前读都是一样的。